U0263822

信息感知测量前沿技术丛书

图学习方法及其在高光谱影像处理中的应用

张志利　丁　遥　胡豪杰　何　芳　著

科学出版社

北　京

内 容 简 介

本书重点围绕模型构建、改进图信息传播方式、提升构图质量等展开研究，提出多种基于图学习的高光谱影像分类方法，解决高光谱影像分类面临的问题和挑战，并提高分类精度。第1章为绪论；第2章主要介绍图半监督学习基本模型；第3～6章介绍多种基于图学习的高光谱影像分类方法，包括基于锚点图的快速半监督学习高光谱影像分类、基于像素-超像素级特征联合的高光谱影像分类、基于全局动态图优化的高光谱影像分类、基于图变换器的高光谱影像分类。

本书可供电子信息工程、计算机应用技术、自动化、仪器科学与技术等相关专业研究生、高年级本科生学习，也可作为相关科研人员、工程技术人员的参考书籍。

图书在版编目(CIP)数据

图学习方法及其在高光谱影像处理中的应用 / 张志利等著. -- 北京 : 科学出版社, 2025. 1. --(信息感知测量前沿技术丛书). -- ISBN 978-7-03-079800-8

Ⅰ. TP751

中国国家版本馆CIP数据核字第2024W5V869号

责任编辑：孙伯元 / 责任校对：崔向琳
责任印制：师艳茹 / 封面设计：无极书装

科学出版社 出版
北京东黄城根北街16号
邮政编码：100717
http://www.sciencep.com
北京九州迅驰传媒文化有限公司印刷
科学出版社发行　各地新华书店经销
*
2025年1月第　一　版　开本：720 × 1000　1/16
2025年1月第一次印刷　印张：8 1/4
字数：166 000

定价：110.00元

(如有印装质量问题，我社负责调换)

“信息感知测量前沿技术丛书”序

21世纪是信息科学技术发生深刻变革的时代，信息技术的飞跃式发展及其渗透到各行各业的广泛应用，不但推动了产业革命，而且带动了军事变革。信息优势成为传统的陆地、海洋、空中、空间优势以外新的争夺领域，并深刻影响着传统领域战争的胜负。信息化条件下，战争的胜负取决于敌对双方掌握信息的广度与深度，而信息感知测量技术则是获取信息优势的关键。

如何进一步推动我国信息感知测量技术的研究与发展，如何将信息感知测量技术的新理论、新方法与研究成果转化为国防科技发展的新动力，如何抓住军事变革深刻发展演变的机遇，提升我国自主创新和可持续发展的能力，这些问题的解决都离不开我国国防科技工作者和工程技术人员的上下求索和艰辛付出。

“信息感知测量前沿技术丛书”是由火箭军工程大学智控实验室与科学出版社在广泛征求专家意见的基础上，经过长期考察、反复论证之后组织出版的。丛书旨在传播和推广信息感知测量前沿技术重点领域的优秀研究成果，涉及遥感图像高光谱重建、高光谱图像配准与定位、高光谱图像智能化特征提取与分类、高光谱目标检测与识别、红外目标智能化检测、红外隐身伪装效果评估、复杂环境下方位基准信息感知等多个方面。丛书力争起点高、内容新、导向性强，具有一定的原创性，体现科学出版社“高层次、高水平、高质量”的特色和“严肃、严密、严格”的优良作风。

丛书的策划、组织、编写和出版得到了作者和编委会的积极响应，以及各界专家的关怀和支持。特别是，丛书得到了黄先祥院士等专家的指导和鼓励，在此表示由衷的感谢！

希望这套丛书的出版，能为我国国防科学技术的发展、创新和突破带来一些启迪和帮助。同时，欢迎广大读者提出好的建议，促进和完善丛书的出版工作。

火箭军工程大学智控实验室副主任

国家重点学科带头人

前　言

遥感是一种通过电磁波在地面物体上的反射或辐射获取地面目标信息的非接触式对地观测技术。军事遥感技术可以利用卫星、无人机等遥感载体，对敌方军事目标进行高分辨率、实时、多角度、多频率的遥感观测，获取敌方军事情报和战场情况，为军事指挥部门提供情报支持和战术指导。这种技术在现代战争中具有举足轻重的地位，对提高作战效率和降低战争代价具有重要意义。高光谱遥感图像具有光谱分辨率高、光谱信息丰富、波段范围宽的特点和优势，能够更加准确地识别目标地物。通过提取和分析高光谱影像的空间-频谱(简称“空-谱”)信息，对影像中的每一个像素，根据覆盖地物类别的不同，赋予特定的类别标签，是将高光谱影像数据转换为可用知识的重要手段，也是高光谱影像分析和研究的基础，具有重要的军事应用价值。

但是，在实际应用中仍然面临着诸多挑战，如维数灾难、非线性数据结构、不确定性、空间同质性和异质性等，如何解决这些问题值得深入思考。为了充分利用高光谱影像中包含的丰富光谱信息，机器学习和人工智能算法在高光谱影像分类技术中得到广泛应用。图学习具有独特优势，受到越来越多的关注。高光谱图像分类与图学习的结合是当前研究的热点，具体原因如下，一是图神经网络方法能够学习节点与节点的相互关系，对标签样本数量要求不高；二是图神经网络能够自动对节点的特征信号(光谱信号)进行学习和处理，对于具有高维频谱数据的高光谱图像处理，图神经网络拥有卷积神经网络不具备的天然优势；三是图神经网络和机器学习方法的组合使用，能够很好地区分覆盖地物的轮廓，提高分类精度。

本书主要利用图学习方法进行高光谱影像分类，重点围绕模型构建、改进图信息传播方式、提升构图质量等展开研究，提出多种基于图学习的高光谱影像分类方法。本书的主要研究内容总结如下，第 1 章主要介绍本书的研究背景，说明高光谱遥感影像分类的现实意义，概述高光谱遥感影像分类现状和存在的问题。为了便于读者理解，还对图神经网络的基础知识、本书实验所用评价指标进行了介绍。第 2 章阐述图半监督学习的基本理论知识、图的构造方法、图半监督学习的经典算法，以及能够有效处理大规模数据的快速图半监督学习模型。第 3 章针对传统的基于图的半监督学习方法的计算复杂度较高、对计算平台的性能也要求较高的问题，提出基于锚点图的快速半监督学习高光谱影像分类方法。第 4 章针对超像素级的高光谱影像数据精准解译难点，提出一种基于像素-超像素级特征联合的高光谱影像分类方法。第 5 章针对高光谱影像数据远距离文本信息提取的难点，提出基于全局动态图优化的高光谱影像分类方法。第 6 章针对如何综合利用图变换器和图卷积网络的优势，提取高光谱影像局部-非局部空-谱特征进行高光谱影像分类的难点，提出空间光谱特征增强的 GraphFormer 框架（S^2GFormer）。为便于阅读，本书提供部分彩图的电子版文件，读者可自行扫描前言二维码查阅。

随着遥感影像获取手段和处理技术的不断发展，高光谱影像分类的理论和技术也在不断发展和完善，本书仅对图学习方法在高光谱影像分类中的应用进行阐述、分析和总结，希望给读者在高光谱影像分类的研究上提供一点参考和启发。

限于作者水平，书中难免存在不妥之处，恳请读者指正。

作　者

2023 年 11 月

部分彩图二维码

目　录

第1章　绪　　论

1.1　课题研究的背景与意义

遥感(remote sensing, RS)是一种通过电磁波在地面物体上的反射或辐射获取地面目标信息的非接触式对地观测技术[1,2]。军事遥感技术可以利用卫星、无人机等遥感载体，对敌方军事目标进行高分辨率、实时、多角度、多频率的遥感观测和获取，获得敌方军事情报和战场情况，提供情报支持和战术指导，为军事指挥部门提供情报支持和战术指导。这种技术在现代战争中具有举足轻重的地位，对提高作战效率和降低战争代价具有重要意义。俄乌冲突使双方都意识到高精度遥感影像在获取对方军事部署动向方面的重要性。双方争相利用遥感技术及时了解对方动态，并据此制定相应战术。与此同时，卫星遥感影像成为大众了解和分析冲突情况的最佳工具，因此遥感技术受到公众的广泛关注。

随着市场需求的增加和遥感技术的发展，为了更精确、快速地进行遥感观测，获得具有可靠性与时效性的遥感数据，遥感技术也朝着高空间分辨率、高时间分辨率、高光谱分辨率的方向发展。随着成像通道的增加，光学遥感图像可以划分为全色图像、可见光图像、多光谱图像和高光谱影像(hyper spectral image, HSI)。其中，具备高光谱分辨率特性的 HSI 数据可以以数十至数百个连续、精细的光谱波段对目标区域同时成像。这种成像方式的特点在于，不同类别地物对电磁波的接收和辐射特性不同，因此它们在光谱波段上呈现出不同的光谱曲线。如图 1.1 所示，星载或机载的光谱成像仪对地物进行成像后，不同的地物特征会在光谱维上对应不同的光谱曲线。正因为 HSI 具有丰富的光谱信息，在相同空间分辨率下，它能够对其他光学遥感影像难以区分的地物目标进行识别[3]。这种识别能力使高光谱遥感影像广泛应用于环境监测、精准农业、地质勘探、国防军事等领域。例如，在环境监测中，高光谱遥感影像可以用于监测河流、湖泊和海洋中的水质变化，为污染源追踪和环境保护提供重要依据[4]；在农业生产中，通过对高光谱遥感数据的分析，可以获取农田土壤养分、植被生长状况、作物种植面积和产量等信息，有助于提高农业生产效率[5]；在地质勘探中，通过分析不同地表矿物的光谱曲线，可以实现矿物种类的快速识别和定量分析[6]；在国防军事领域，通过分析获得的高光谱遥感影像数据，可以实现对敌方战场设施、武器装备，以及地形地貌等目标的精确识别和监测，为战场环境提供可靠的决策信息[7]。

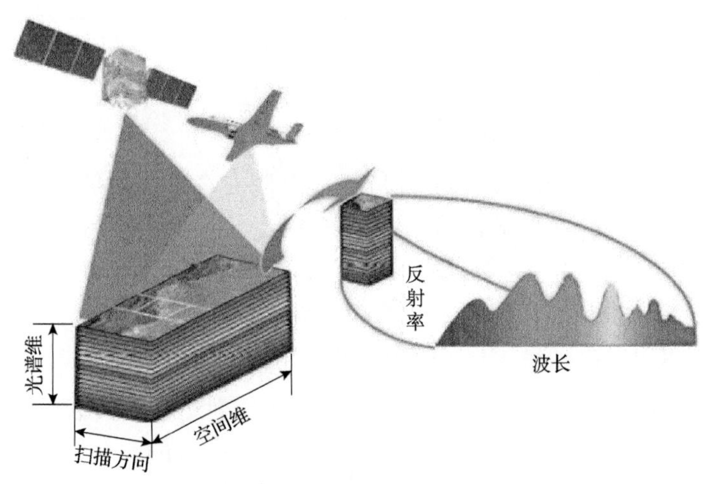

图 1.1　高光谱图像成像示意

对 HSI 数据的处理，主要包含数据降维[8]、端元解混[9,10]、异常检测[11,12]、图像增强[13]、图像分类[14]等。其中，高光谱分类是依据各类地物的空-谱信息对场景中的每一个像素赋予一个相应的地物标签。作为高光谱遥感影像数据处理领域的一个基本问题，HSI 分类通过对地物的精准识别受到广泛关注。值得注意的是，光谱分辨率的提高虽然能够提供更丰富的地物信息，但同时也会带来维度灾难等挑战[15]。使用传统的 HSI 分类方法会带来巨大的计算成本，并且无法实现理想的解译结果。除此之外，HSI 数据还面临标注信息稀缺，以及同物异谱(同一类地物在不同条件下呈现出不同的光谱特性)、异物同谱(不同类地物在特定条件下呈现出相似的光谱特性)等问题与挑战。这些问题都会影响 HSI 分类的准确性和可靠性。

图神经网络(graph neural network, GNN)作为一种新兴的机器学习技术，在社交网络[16]、生物信息学[17]、推荐系统[18]等领域取得显著的成果。其优势在于能够自然地处理非规则和复杂的关系结构，如高光谱遥感影像中复杂但有关联的地物特征。本书旨在开展 GNN 在 HSI 分类中的算法应用研究，探究其在高光谱遥感影像分类任务中的潜力。基于 GNN 的方法有望克服传统方法和深度学习方法的局限性，实现更高的分类精度和效率。本书研究有助于推动高光谱遥感影像技术的发展和应用，为国家经济、社会、生态可持续发展提供有益的支持，为军事遥感技术的更新迭代提供理论支持和技术基础。

1.2　国内外研究现状及存在的问题

1.2.1　传统高光谱影像分类方法及存在问题

早期的 HSI 分类算法主要是基于光谱特征和常规模式识别方法的简单组合。然而，HSI 数据通常包含数百个波段。这种高维度特性会给数据处理和分析带来维度灾难问题[19]。为了解决这个问题，研究者通常会在模型训练之前对高光谱数据进行降维处理[20]。降维旨在从原始高光谱数据中提取具有判别性的波段或特征，从而降低数据维度，有效减少计算量并提高分类准确性。降维方法可分为特征提取和特征选择两大类。特征提取方法，如主成分分析[21]、线性判别分析[22]和独立成分分析[23]等，能够将高维空间映射至低维空间。尽管这些方法直观且易于理解，但是在映射过程中可能导致关键信息的丢失。相较之下，特征选择方法的目标在于通过保留原始 HSI 中最具代表性的光谱波段，舍弃分类效果较差的波段来提高分类精度。常用的特征选择方法包括巴塔恰里亚距离[24]、J-M 距离[25]、信息增益[26]和光谱角度制图[27]等。尽管这些方法能够保留原始 HSI 的有用信息，但是通常需要与搜索算法相结合，耗费大量时间搜索最有效的波段或波段组合。经过降维处理，一般采用常规的模式识别方法对数据进行分类。常用的分类器包括最近邻分类器[28]、支持向量机(support vector machine, SVM)[29]、随机森林[30]、决策树[31]和稀疏表示[32]等。

尽管直接利用光谱特征进行 HSI 分类相对简单，但是这些方法往往会忽略 HSI 中包含的空间信息。在 HSI 数据中，光谱信息和空间信息都包含相关物体的重要信息。因此，忽略空间信息可能导致重要特征的丢失，进而影响分类性能。为此，后续研究中出现许多将空间和光谱信息融合的分类方法。在实际应用中，通常采用以下几种方法提取 HSI 的空-谱信息[33]。

(1) 结构滤波(structural filtering)。给定一个固定或自适应的结构元素，通过滤波操作得到一系列空间特征。一种常见的方法是使用矩标准，例如利用窗口中相邻像素的均值或标准差，从给定的区域提取空间信息[34]。此外，邻近矩或累积量的适应性调整被广泛应用于 HSI 分类，以探索空间同质性，同时保留图像细节[35]。

(2) 数字形态学(mathematical morphology)。数字形态学是一种在空间域中分析和处理几何结构的强大工具，通过引入形态剖面(morphological profile, MP)的概念，可以在一系列地形学上的开运算和闭运算操作中提取空间结构信息，并用于高空间分辨率的图像分类[36]。Benediktsson 等[37]进一步发展了扩展形态学剖面(extended morphological profile，EMP)，在降低数据维度后针对每个维度分量计算 MP。然而，该方法并未充分利用高光谱数据的光谱信息。为了弥补这个不足，Fauvel 等[38]提出一种基于 EMP 和原始数据的光谱空间融合方法。同时，通过扩展 MP 和 EMP 的概念，提出属性剖面[39]用于提取 HSI 分类的额外空间特征。自此，属性剖面及其扩展，包括扩展属性剖面[40]和扩展多属性剖面[41]在 HSI 分类中越来越受到关注。

(3) 超像素分割(superpixel segmentation)。在 HSI 中，超像素分割可以生成一组空间上相邻且光谱相似的像素的集合,用来代表多个具有不同形状和大小的局部区域，利用超像素分割技术进行 HSI 分类可以联合光谱-空间相关性和判别性来提高分类性能[42]。例如，在文献[43]中，超像素分割技术用于提取同质化的结构区域，然后在超像素上构建图形，从而产生良好的分类结果。

尽管采用空-谱特征相较仅依赖光谱特征的 HSI 分类方法能够提高分类精度，但这些传统分类方法往往采用手工设计的特征提取方法，对特征的表达能力有限，难以满足更高层次的分类需求。此外，传统分类方法的泛化能力相对较弱。由于光谱存在可变性的问题，这些方法大多只适用于特定场景，在其他场景中的适应性较差[44]。

1.2.2 基于深度学习模型的高光谱影像分类方法及存在的问题

近年来，随着深度学习技术的快速发展，其在图像识别、语音识别、自然语言处理等众多领域得到广泛的应用。许多深度学习方法已被广泛用于 HSI 的分析与处理[45,46]。深度学习是一种基于多层神经网络的机器学习方法，通过利用反向传播算法自动调整神经网络中的权重和偏置，以最小化训练样本和标签之间的误差，可以实现高层抽象特征的学习和表示[47]。相较传统机器学习方法获得的浅层特征，深度学习提取的特征能够对数据进行更为复杂、抽象的结构化表征，从而实现更高水平的特征提取[48,49]。因此，深度学习方法在应对高光谱图像中受到传感器成像的光照变化、角度变化等不利因素影响时具有更强的鲁棒性和不变性。这些优势使深度学习方法成为 HSI 分类领域的研究热点，并取得良好的效果。当前，主流的深度学习方法大致包括深度置信网络(deep belief network, DBN)[50]、栈式自动编码机(stacked auto-encoder, SAE)[51]、循环神经网络(recurrent neural network, RNN)[52]、卷积神经网络(convolutional neural network, CNN)[53]、基于变换器(transformer)的方法等。

1. 基于深度置信网络的方法

深度置信网络是一种层次化的深度神经网络(deep neural network, DNN),可以视为多个受限玻尔兹曼机(restricted Boltzmann machine, RBM)的串联，采用逐层无监督的方式学习输入数据的特征表示。Liu 等[54]首次使用深度置信网络提取深层光谱特征，然后重复选择质量好的标记样本作为训练样本进行主动学习。

为有效利用 HSI 中包含的光谱和空间信息，Li 等[55]引入一个带有逻辑回归层的深度置信网络框架，并验证了联合利用光谱-空间特征可以提高分类的准确性。同样，Sellami 等[56]提出一种基于光谱-空间图谱的 RBM 方法，用于 HSI 分类。该方法首先基于光谱和空间细节的联合相似度度量构建光谱-空间图谱，然后训练 RBM 从 HSI 中提取有用的联合光谱-空间特征，最后将这些特征传递给深度置信网络和逻辑回归层进行分类。

2. 基于栈式自动编码机的方法

一个栈式自动编码机是由多层自编码器(autoencoder, AE)叠加而成的。自编码器是一种在 HSI 分类中广泛应用的对称神经网络，由于其无监督的特征学习能力而备受青睐。自编码器本身并不执行分类任务，而是提供高维 HSI 数据的压缩特征表示。Chen 等[57]使用栈式自动编码机来提取 HSI 的特征，并将它们输入基于逻辑回归的分类模型。Zhang 等[58]利用 HSI 的光谱-空间特征，提出通过一个由递归自编码器网络组成的无监督特征提取框架。为有效处理高光谱图像中的类内变异和类间相似性问题，Zhou 等[59]通过引入局部 Fisher 判别正则化学习紧凑且具有判别性的特征。Lan 等[60]采用 *k*-稀疏去噪自编码器和光谱受限空间特征的组合来克服空间特征中的类内变异问题。

3. 基于循环神经网络的方法

RNN 是一种在不同时刻建立神经元之间周期性循环连接的神经网络模型。与传统的前馈神经网络不同，RNN 具有循环神经元，能够保留先前处理的信息，并在后续处理中使用它们。通过将 HSI 数据的光谱信息作为时间序列处理，Hang 等[61]提出一种基于 RNN 的 HSI 分类框架，采用一种新的激活函数和门控循环单元，利用 HSI 的序列属性确定类别标签。Zhang 等[62]引入一种基于局部空间序列方法的 RNN 框架。该方法首先使用 Gabor 滤波器和差分形态轮廓从 HSI 中提取低层特征，然后将这些特征融合后进一步传递给 RNN

模型来提取高层特征，而 Softmax 层用于最终分类。

4. 基于卷积神经网络的方法

CNN 是一类常用于图像识别、计算机视觉等领域的深度学习神经网络，主要通过多个卷积层和池化层进行特征提取和降维,然后通过全连接层进行分类。卷积操作可以看作一种滤波器，它可以检测图像中不同的特征，如边缘、纹理等。池化层用来降低图像的空间维度，同时保留重要的特征信息。相较传统神经网络只能利用一维的谱向量，CNN 利用固定大小的卷积核在整个图像上滑动可有效感知目标像素的邻域信息。Hu 等[53]首次将 CNN 方法引入高光谱图像分类中,通过一维卷积神经网络(1D-CNN)提取 HSI 的光谱特征。Zhang 等[63]构建了一个用于光谱-空间高光谱影像分类的双通道 CNN 框架。在这种方法中，使用 1D-CNN 逐层提取光谱特征，使用 2D-CNN 提取层次化的空间特征，然后将这些特征结合在一起进行最终的分类任务。Chen 等[64]对一维、二维和三维卷积神经网络(3D-CNN)的特点进行了系统比较，并提出一些用于指导 CNN 结构设计的建议。

5. 基于变换器的方法

变换器能利用自注意力(self-attention, SA)机制绘制输入序列中的全局依赖关系，在自然语言处理(natural language processing, NLP)中得到成功应用。最近，一些基于变换器的模型被用于图像处理。Jiang 等[65]介绍了一种对图像块序列进行分类的变换器，称为视觉变换器(vision transformer, ViT)，该方法在视觉任务中不需要依赖 CNN。Carion 等[66]提出一种新方法，将对象检测视为一个直接集预测问题，称为检测变换器(detection transformer, DETR)。该方法根据对象和全局图像上下文的关系，直接并行输出最终的预测集。这些变换器的成功应用让研究者思考是否将 HSI 转换为序列进行特征提取。Hong 等[67]提出一种新的基于变换器顺序透视的骨干网络频谱变换器,它可以适应像素和小块输入。Yu 等[68]将多级频谱-空间变换器网络(multilevel spectral-spatial transformer network, MSTNet)用于 HSI 分类。

尽管当前深度学习方法在 HSI 分类领域已经取得显著的突破，但是该领域的研究仍然存在诸多挑战[69,70]。这些挑战主要与 HSI 数据的特性有关，即高维光谱特征和有限的训练样本。本书将主要问题归纳如下。

(1)高模型复杂度。在 DNN 中，参数调整和优化是一个 NP 完全问题，其收敛性无法保证[71-73]。特别是，在 HSI 应用中，需要调整大量参数，训练过程耗时较长[74]。因此，训练DNN被认为具有较高的难度。设计更简洁、高效的深度网络模型，以实现快速、自动化的高光谱遥感影像层次特征学习，是亟待解决的问题。

(2)有限训练样本。如前所述，有监督的DNN需要大量训练数据，否则它们的过拟合倾向将显著增加[75]。然而，在实际应用中，高光谱遥感影像标记样本的获取非常困难。HSI的高维特征与有限的标记训练数据相结合，使深度学习方法在小样本下的地物识别性能有待提高。

(3)空-谱一体化学习困难。HSI数据存在“同物异谱，异物同谱”的现象。为了实现高精度分类，需要更加有效地综合利用光谱信息和空间信息，并提取可辨识的特征。然而，处理欧几里得数据的深度学习方法不能很好地表征非规则区域内连接的像素间关系[20]，因此需要研究更加适用于HSI分类任务的特征提取方法。

1.2.3 图方法在高光谱影像分类中的应用

为了克服深度学习方法在高光谱图像分类中的缺点，GNN受到越来越多的关注。GNN是一种半监督框架，可以对非欧几里得数据执行卷积运算[76-81]。高光谱图像分类与GNN的结合是当前研究的热点之一，原因如下[76,82-86]：一是GNN能够学习节点与节点的相互关系，对标签样本数量的要求不高；二是GNN能够自动对节点的特征信号(光谱信号)进行学习和处理，对于具有高维频谱数据的高光谱图像处理，GNN具有CNN不具备的天然优势；三是GNN和机器学习方法的组合使用，能够很好地区分覆盖地物的轮廓，提高分类精度。

GNN最早由Scarselli等[87]提出，是一种处理非欧几里得数据的强大方法。先前的研究探讨了各种图结构，如有向图[88]、异构图[89,90]，以及应用于不同任务的聚合机制，如卷积[16,91]、注意力[89,92-95]。通过将HSI编码为图结构数据，GNN可以有效地捕捉处理不同地物区域间的相关性，并保留不同地物类别间的边界[85]。目前，GNN在HSI分类中得到广泛应用。Qin等[96]首先提出一种用于高光谱分类的半监督图卷积网络(graph convolution network, GCN)方法。该方法将高光谱图像中的每个像素视为一个节点，然后采用GCN对图形进行处理。但是，GCN计算复杂，为了降低GCN的计算成本，Hong等[97]提出一种miniGCN，旨在利用小批量小样本训练提高GCN的运算速度。Sha等[98]通过引入图形注意力机制来代替GCN，减少运算量。然而，上述方法都将像素作为图节点，其计算复杂，应用受到限制。为解决这一缺陷，出现许多超像素 GCN 方法。例如，Wan 等[99]将超像素引入 GCN，可以大大减少节点数量和计算量。随后，不同的基于超像素的 GNN 开始出现。本书提出一种用于高光谱图像分类的多尺度图样本和聚合网络(graph sample and aggregate network，GraphSAGE)[100]，采用分割方法减少节点数量，同时利用空域图网络方法降低网络自身的计算复杂度。采用图神经网络进行高光谱分类，在小的训练标签条件下，可以实现较高的分类精度。然而，上述方法依然属于半监督方法，没有从根本上解决训练过程对标签数据的依赖问题。为了解决这个问题，有学者提出无监督方法对 HSI 进行聚类。例如，Cai 等[101]提出一种图正则化剩余子空间聚类网络(graph regularized residual subspace clustering network，GR-RSCNet)，用于 HSI 聚类，通过 DNN 联合学习深度谱空间表示，具有鲁棒非线性表征能力。然而，该方法将每个像素作为图节点，这使算法运算较为复杂。为解决这个问题，Cai 等[102]进一步提出一种用于大型高光谱图像无监督分类的邻域对比子空间聚类网络，利用超像素可以很好地降低计算复杂度和时间、内存消耗，极大地提高无监督聚类 HSI 的分类精度。目前，高光谱分类和 GCN 的结合还处于探索、发展阶段，参考文献相对较少[79,103-105]。

尽管近年来 GNN 方法在 HSI 分类领域取得显著成效，但是现有方法在实现效率与精度平衡方面仍然面临挑战。此外，由于 HSI 具有复杂且多变的光谱特征，人为定义的图结构数据往往无法准确地反映出地物之间复杂而密切的关系。因此，本书旨在解决这些挑战，提升 GNN 对 HSI 数据空-谱信息的提取和判别能力。

1.3 图神经网络介绍

1.3.1 谱域图卷积

基于频谱的图卷积方法在图形信号处理中具有坚实的数学基础[106-108]。该方法假设图 $\mathcal{G}=(v,\xi,\boldsymbol{A})$ 是无向的，v 表示顶点集 $|v|=N$，ξ 表示边集，$\boldsymbol{A}\in\mathbf{R}^{N\times N}$ 是图的邻接矩阵，如果顶点 i 和顶点 j 之间存在边，则用 a_{ij} 表示边的权重。给定 $\boldsymbol{A}$ 后，创建对应的图拉普拉斯矩阵 $\boldsymbol{L}$，可以表示为

$$\boldsymbol{L}=\boldsymbol{D}-\boldsymbol{A} \tag{1.1}$$

其中，$\boldsymbol{D}$ 为图的度矩阵。

式(1.1)对应的对称归一化拉普拉斯矩阵 $\boldsymbol{L}_{\text{sym}}$ 为

$$
\begin{aligned}
\boldsymbol{L}_{\text{sym}} &= \boldsymbol{D}^{-\frac{1}{2}}\boldsymbol{L}\boldsymbol{D}^{-\frac{1}{2}} \\
&= \boldsymbol{I}_N - \boldsymbol{D}^{-\frac{1}{2}}\boldsymbol{L}\boldsymbol{D}^{-\frac{1}{2}}
\end{aligned} \tag{1.2}
$$

其中，$\boldsymbol{I}_N$ 为单位矩阵。

利用卷积定理，给定两个函数 f 和 g，则它们的卷积可定义为

$$
f(t) * g(t) \stackrel{\text{def}}{=} \int_{-\infty}^{\infty} f(\tau) g(t-\tau) \mathrm{d}\tau \tag{1.3}
$$

其中，τ 为移动距离；$*$ 为卷积操作。

定理 1.1　两个函数 f 和 g 卷积的傅里叶变换是其相应傅里叶变换的乘积，可以表示为

$$
\mathcal{F}[f(t) * g(t)] = \mathcal{F}[f(t)] \bullet \mathcal{F}[g(t)] \tag{1.4}
$$

其中，$\mathcal{F}$ 和 $\bullet$ 为傅里叶变换和点乘。

定理 1.2　两个函数 f 和 g 卷积的傅里叶逆变换（$\mathcal{F}^{-1}$）为

$$
\mathcal{F}^{-1}[f(t) * g(t)] = 2\pi \mathcal{F}^{-1}[f(t)] \bullet \mathcal{F}^{-1}[g(t)] \tag{1.5}
$$

根据卷积定理，可以将式(1.3)转换为

$$
f(t) * g(t) \stackrel{\text{def}}{=} \mathcal{F}^{-1}\{\mathcal{F}[f(t)] \bullet \mathcal{F}[g(t)]\} \tag{1.6}
$$

因此，对图进行卷积可以转换为傅里叶变换 $\mathcal{F}$ 或找到一组基函数。图形傅里叶变换将输入图形信号投影到正交空间，其中基由归一化图形拉普拉斯算子的特征向量构成。

引理 1.1　$\mathcal{F}$ 的基函数可以等效为 $\boldsymbol{L}$ 的一组特征向量表示。

证明： 对于在定义域中不收敛的函数 $y(t)$，总能找到一个实值指数函数 $\mathrm{e}^{-\sigma t}$ 使 $y(t)\mathrm{e}^{-\sigma t}$ 收敛，所以 $\mathcal{F}$ 满足狄利克雷判别条件，即

$$
\int_{\infty}^{\infty} \left| y(t)\mathrm{e}^{-\sigma t} \right| \mathrm{d}t < \infty \tag{1.7}
$$

其中，$y(t)\mathrm{e}^{-\sigma t}$ 可以用傅里叶变换表示为

$$
\begin{aligned}
\mathcal{F}\left(y(t)\mathrm{e}^{-\sigma t}\right) &= \int_{-\infty}^{\infty} y(t)\mathrm{e}^{-\sigma t}\mathrm{e}^{-2\pi \mathrm{i} t}\mathrm{d}t \\
&= \int_{-\infty}^{\infty} y(t)\mathrm{e}^{-st}\mathrm{d}t
\end{aligned} \tag{1.8}
$$

其中，$s=\sigma+2\pi\mathrm{i}$。

式(1.8)就是拉普拉斯变换，也就是不同$\mathcal{F}$的基函数$\boldsymbol{L}$的特征向量是相同的。

根据引理 1.1，可以对$\boldsymbol{L}$进行谱分解，即

$$\boldsymbol{L}=\boldsymbol{U\Lambda U}^{-1}=\boldsymbol{U}\mathrm{diag}\left[\lambda_1,\lambda_2,\cdots,\lambda_n\right]\boldsymbol{U}^{\mathrm{T}}=\sum_{n=1}^{N}\lambda_n\boldsymbol{u}_n\boldsymbol{u}_n^{\mathrm{T}} \tag{1.9}$$

其中，$\boldsymbol{U}=\left[\boldsymbol{u}_1,\boldsymbol{u}_2,\cdots,\boldsymbol{u}_n\right]$为$\boldsymbol{L}$的特征向量集，即$\mathcal{F}$的基；$\boldsymbol{U}$为正交矩阵，即$\boldsymbol{UU}^{\mathrm{T}}=\boldsymbol{E}$；$\lambda_n$为特征值。

根据式(1.9)，函数f的图$\mathcal{F}$变换可表示为$\mathcal{GF}[f]=\boldsymbol{U}^{\mathrm{T}}f$，逆变换可表示为$f=\boldsymbol{U}\mathcal{G}F[f]$，则函数$f$和$g$的卷积可表示为

$$\mathcal{G}[f*g]=\boldsymbol{U}\left\{\left[\boldsymbol{U}^{\mathrm{T}}f\right]\cdot\left[\boldsymbol{U}^{\mathrm{T}}g\right]\right\} \tag{1.10}$$

如果将$\boldsymbol{U}^{\mathrm{T}}g$写为$g_\theta$，那么图上的卷积最终可以表示为

$$\mathcal{G}\left[f*g_\theta\right]=\boldsymbol{U}g_\theta\boldsymbol{U}^{\mathrm{T}}f \tag{1.11}$$

其中，g_θ为图网络的滤波器，可以视为$\boldsymbol{L}$的特征值(Λ)相对于变量θ的函数，即$g_\theta(\Lambda)$。

式(1.11)定义了基于频谱的 GNN，由此可知，可以通过选择不同的滤波器来设计不同的频谱 GNN。

频谱 GNN[52]认为滤波器$g_\theta=\Theta_{i,j}^{(k)}$是一组可学习的参数，包含图形信号的多个通道。频谱图卷积层定义为

$$\boldsymbol{H}_{:,j}^{(k)}=\sigma\left(\sum_{i=1}^{f_{k-1}}\boldsymbol{U}\Theta_{i,j}^{(k)}\boldsymbol{U}^{\mathrm{T}}\boldsymbol{H}_{:,j}^{(k-1)}\right),\quad j=1,2,\cdots,f_k \tag{1.12}$$

其中，k为层索引；$\boldsymbol{H}^{(k-1)}\in\mathbf{R}^{n\times f_{k-1}}$为输入图形信号，$\boldsymbol{H}^{(0)}=\boldsymbol{X}$，$f_{k-1}$为输入通道的数量，$f_k$为输出通道的数量；$\Theta_{i,j}^{(k)}$为含有可学习参数的对角矩阵。

由于采用拉普拉斯矩阵的特征分解，谱域图卷积存在三个方面的缺点：首先，对图的任何扰动都会导致特征基的变化；其次，学习到的滤波器不能应用于具有不同结构的图；最后，特征分解计算复杂。在后续工作中，ChebNet[70]和 GCN[109]通过进行近似和简化，可以降低计算复杂度。

ChebNet 通过特征值对角矩阵的切比雪夫多项式逼近滤波器，即

$g_\theta=\sum_{i=0}^{K}\theta_i T_i(\tilde{\boldsymbol{\Lambda}})$，其中 $\tilde{\boldsymbol{\Lambda}}=2\boldsymbol{\Lambda}/\lambda_{\max}-\boldsymbol{I}_N$，$\tilde{\boldsymbol{\Lambda}}\in[-1,1]$。切比雪夫多项式由 $T_i(\boldsymbol{X})=2\boldsymbol{X}T_{i-1}(\boldsymbol{X})-T_{i-2}(\boldsymbol{X})$ 递归定义，其中 $T_0(\boldsymbol{X})=1$ 和 $T_1(\boldsymbol{X})=\boldsymbol{X}$。因此，图形信号 $\boldsymbol{X}$ 与定义的滤波器 g_θ 的卷积为

$$\mathcal{G}[\boldsymbol{X}*g_\theta]=\boldsymbol{U}\left(\sum_{i=0}^{K}\theta_i T_i(\tilde{\boldsymbol{\Lambda}})\right)\boldsymbol{U}^{\mathrm{T}}\boldsymbol{X} \tag{1.13}$$

当 $T_i(\tilde{\boldsymbol{L}})=\boldsymbol{U}T_i(\tilde{\boldsymbol{\Lambda}})\boldsymbol{U}^{\mathrm{T}}$ 时，$\tilde{\boldsymbol{L}}=2\boldsymbol{L}/\lambda_{\max}-\boldsymbol{I}_N$，ChebNet 可表示为

$$\mathcal{G}[\boldsymbol{X}*g_\theta]=\sum_{i=0}^{K}\theta_i T_i(\tilde{\boldsymbol{L}})\boldsymbol{X} \tag{1.14}$$

ChebNet 在空间域对滤波器进行局部化，可以提取更多图的局部特征。CayleyNet[110]进一步应用 Cayley 多项式，利用有理复函数参数来提取低频信息。CayleyNet 的谱图卷积定义为

$$\mathcal{G}[\boldsymbol{X}*g_\theta]=c_0\boldsymbol{X}+2\mathrm{Re}\left\{\sum_{j=1}^{r}c_j(h\boldsymbol{L}-\mathrm{i}\boldsymbol{I})^j\left(\sqrt{\boldsymbol{L}}+\mathrm{i}\boldsymbol{I}\right)^{-j}\boldsymbol{X}\right\} \tag{1.15}$$

其中，$\mathrm{Re}(\cdot)$ 为返回复数的实部；c_j 为复系数；i为虚数；c_0 为实系数；h 为控制 CayleyNet 滤波器频谱的参数。

CayleyNet 依然保持了空间局部性，式(1.15)表明 ChebNet 可以看作 CayleyNet 的一个特例。

GCN 引入 ChebNet 的一阶近似，假设 $K=1$ 和 $\lambda_{\max}=2$，式(1.15)可以简化为

$$\mathcal{G}[\boldsymbol{X}*g_\theta]=\theta_0\boldsymbol{X}-\theta_1\boldsymbol{D}^{-\frac{1}{2}}\boldsymbol{A}\boldsymbol{D}^{-\frac{1}{2}}\boldsymbol{X} \tag{1.16}$$

为了限制参数数量并避免过度拟合，GCN 进一步假设，图卷积简化定义为

$$\mathcal{G}[\boldsymbol{X}*g_\theta]=\left(\boldsymbol{I}_N+\boldsymbol{D}^{-\frac{1}{2}}\boldsymbol{A}\boldsymbol{D}^{-\frac{1}{2}}\right)\boldsymbol{X} \tag{1.17}$$

为了允许多通道输入和输出，GCN 将式(1.17)修改为

$$\boldsymbol{H}=\mathcal{G}[\boldsymbol{X}*g_\theta]=\sigma(\bar{\boldsymbol{A}}\boldsymbol{X}\boldsymbol{\Theta}) \tag{1.18}$$

其中，$\bar{\boldsymbol{A}}=\boldsymbol{I}_N+\boldsymbol{D}^{-\frac{1}{2}}\boldsymbol{A}\boldsymbol{D}^{-\frac{1}{2}}$；$\sigma(\cdot)$ 为激活函数。

使用 $\boldsymbol{I}_N + \boldsymbol{D}^{-\frac{1}{2}}\boldsymbol{A}\boldsymbol{D}^{-\frac{1}{2}}$ 会导致 GCN 的数值不稳定。为了解决这个问题，GCN 采用一种标准化策略，用 $\bar{\boldsymbol{A}} = \tilde{\boldsymbol{D}}^{-\frac{1}{2}}\tilde{\boldsymbol{A}}\tilde{\boldsymbol{D}}^{-\frac{1}{2}}$ 来替换 $\boldsymbol{I}_N + \boldsymbol{D}^{-\frac{1}{2}}\boldsymbol{A}\boldsymbol{D}^{-\frac{1}{2}}$，其中 $\tilde{\boldsymbol{A}} = \boldsymbol{A} + \boldsymbol{I}_N$，$\tilde{\boldsymbol{D}}_{ii} = \sum_j \tilde{\boldsymbol{A}}_{ij}$。GCN 传递函数可表示为

$$\boldsymbol{H}^{(l+1)} = \sigma\left(\tilde{\boldsymbol{D}}^{-\frac{1}{2}}\tilde{\boldsymbol{A}}\tilde{\boldsymbol{D}}^{-\frac{1}{2}}\boldsymbol{H}^{(l)}\boldsymbol{W}^{(l)}\right) \tag{1.19}$$

其中，$\boldsymbol{H}^{(l)}$ 为第 l 层输出；$\sigma(\bullet)$ 为激活函数；$\boldsymbol{W}^{(l)}$ 为待学习系数。

1.3.2　空域图卷积

与传统 CNN 对图像的卷积运算类似，空域图卷积是基于图中节点与节点之间的空间关系定义卷积。从这个意义上来说，可以用图像中的每个像素代表一个图节点，如图 1.2(a)所示。图像也可以看作图形形式的一种，其邻居可由滤波器的大小决定。图像中的节点是有序的，大小是固定的，2D 卷积的原理就是对深色节点及其相邻节点的像素值进行加权平均，实质是将滤波器应用于 3×3 像素块。类似地，基于空域的图卷积是对中心节点与其邻居进行卷积，从而实现中心节点表示更新，如图 1.2(b)所示。为了得到深色节点的隐藏表示，如同 2D 卷积一样，图卷积运算可以简单地对深色节点及其邻居节点的节点特征求均值。与规则的图像数据不同的是，节点的邻域是可变且无序的。从另一个角度看，基于空间的 CNN 与空域图卷积具有相同的信息传播/消息传递思想。空域图卷积运算本质上是沿着边传播图节点信息。

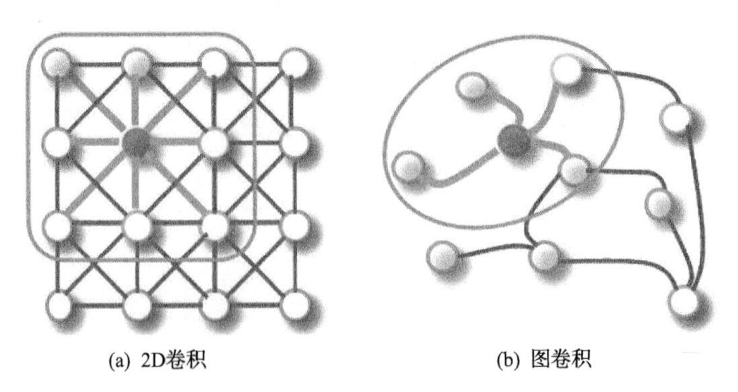

(a) 2D卷积　　(b) 图卷积

图 1.2　卷积和图卷积原理示意图

图注意力网络(graph attention network, GAT)[111]假设相邻节点对中心节点

的贡献，既不同于 GraphSAGE[16]，也不像 GCN。GAT 采用注意力机制学习两个连接节点之间的相对权重。根据 GAT 的图卷积运算定义为

$$\boldsymbol{h}_v^{(k)}=\sigma\left(\sum_{u\in\mathcal{N}(v)\cup v}\alpha_{vu}^{(k)}\boldsymbol{W}^{(k)}\boldsymbol{h}_u^{(k-1)}\right) \tag{1.20}$$

其中，$\boldsymbol{h}_v^{(0)}=x_v$；权重 $\alpha_{vu}^{(k)}$ 为测量节点 v 与其邻居之间的连接强度，即

$$\alpha_{vu}^{(k)}=\mathrm{Softmax}\left(\sigma\left(\boldsymbol{a}^{\mathrm{T}}\left(\boldsymbol{W}^{(k)}\boldsymbol{h}_v^{(k-1)}\middle\|\boldsymbol{W}^{(k)}\boldsymbol{h}_u^{(k-1)}\right)\right)\right) \tag{1.21}$$

其中，$\sigma(\cdot)$ 为 LeakyReLU 激活函数；$\boldsymbol{a}$ 为可学习参数向量。

为增加模型的特征表达能力，GAT 采用多头注意，但是 GAT 假设注意头的贡献是相等的，而门控注意力网络（gated attention network, GAAN）[112]引入一种自我注意力机制，为每个注意计算额外的注意分数。除了以上在空间上应用图形注意，GeniePath 提出一种类似 LSTM 的选通机制控制图形卷积层之间的信息流[113]。

1.4 评 价 指 标

为了评价本书所提方法的性能，实验采用总体分类精度（overall accuracy, OA）、每类精度（personal accuracy, PA）、平均精度（average accuracy, AA）、Kappa 系数（κ）、归一化互信息（normalized mutual information, NMI）和调整兰德指数（adjusted Rand index, ARI）作为评估指标来评估研究方法的性能。首先是误差矩阵，可表示为

$$M=\begin{bmatrix} m_{11} & m_{12} & \cdots & m_{1C} \\ m_{21} & m_{22} & \cdots & m_{2C} \\ \vdots & \vdots & & \vdots \\ m_{C1} & m_{C2} & \cdots & m_{CC} \end{bmatrix} \tag{1.22}$$

其中，m_{ij} 为第 i 类样本被识别为 j 类的样本个数；C 为影像中的类别数目。

总体精度指计算所有影像中被正确分类的样本数与影像中总样本个数的比值，可表示为

$$\mathrm{OA}=\frac{\sum_{i=1}^{C}m_{ii}}{N} \tag{1.23}$$

其中，N 为影像中的样本个数。

每类精度指计算影像中每类被正确分类的样本数与每类总样本个数的比值，可表示为

$$\mathrm{PA}=\frac{m_{ii}}{N_i} \tag{1.24}$$

其中，N_i 为影像中第 i 类的样本个数。

平均精度指计算影像中各类别精度的均值，可表示为

$$\mathrm{AA}=\frac{\sum_{i=1}^{C}\frac{m_{ii}}{N_i}}{C} \tag{1.25}$$

Kappa 系数指影像分类后结果与标准图的相似度，可表示为

$$\kappa=\frac{N\sum_{i=1}^{C}m_{ii}-\sum_{i=1}^{C}m_{i+}m_{+i}}{N^2-\sum_{i=1}^{C}m_{i+}m_{+i}} \tag{1.26}$$

其中，m_{i+} 和 m_{+i} 为式(1.22)的第 i 行和第 i 列。

1.5 研究内容与章节安排

1.5.1 研究内容

本书的主要研究内容是利用图学习方法进行 HSI 分类，以解决 HSI 分类面临的问题和挑战，并提高分类精度。图学习是 HSI 分类的热点方法，本书重点围绕模型构建、改进图信息传播方式、提升构图质量等方面展开研究，提出多种基于图学习的 HSI 分类方法，研究内容及其相互关系如图 1.3 所示。

1. 基于锚点图的快速半监督学习高光谱影像分类

传统的基于图的半监督学习(graph-based semi-supervised learning, GSSL)方法的计算复杂度较高，对计算平台的性能也有较高的要求。因此，本书以大规模数据处理为研究背景，在不影响半监督分类性能的前提下，降低 GSSL 模型的计算复杂度，研究基于自适应近邻锚点图的快速半监督学习方法，构建自适应近邻锚点图，并利用 Woodbury 矩阵降低大规模矩阵求逆的计算复杂度。此外，将模型分别应用于处理大规模图像数据库的分类和 HSI 的分类问题。主要研究内容包括自适应近邻锚点图的构建、基于自适应近邻锚点图的快速半

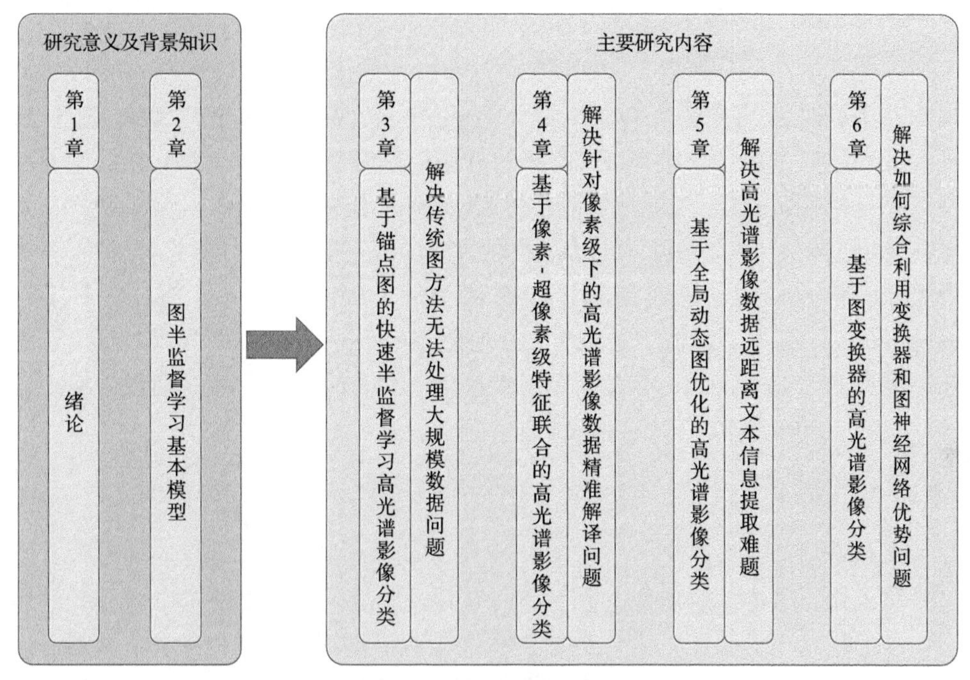

图 1.3 本书主要研究内容框图

监督学习方法，以及如何构建高效求解模型。

2. 基于像素-超像素级特征联合的高光谱影像分类

针对超像素级下的 HSI 数据精准解译难点，提出一种基于像素-超像素级特征联合的 GNN 学习模型。该模型通过图投影和图逆投影实现超像素级图结构数据与像素级规则图像数据之间的相互转换，利用 GNN 与 CNN 实现超像素级和像素级的信息提取。同时，针对高光谱数据的特点，采用 EdgeConv 的信息传播方式自适应地捕捉节点特征表示的相互关系，充分利用图上的判别特征。

3. 基于全局动态图优化的高光谱影像分类

针对 HSI 数据远距离文本信息提取的难点，设计一种新型的构图方法，在初始构图过程中就保留 HSI 数据的局部几何结构，以及全局谱信息，之后在模型的优化过程中，通过端到端的方式动态调整所有超像素块之间的内在关系。同时，为增强图结构数据的表示能力，使用图稀疏采样和标签传播保留有效的边连接并赋予适当的权重，使该模型可以根据训练数据的分布及标签学到适合分类的图结构。

4. 基于图变换器的高光谱影像分类

基于变换器的方法具有对影像光谱和空间信息之间的非局部特征进行特征提取和建模的能力，而基于 GCN 的方法以其独特的聚合机制，在提取邻域顶点相互作用特征关系方面表现出色。第 6 章提出一种跟随像素块机制用于挖掘高光谱像素之间的关系，可以有效地保留局部空间特征。同时，设计了一种像素块谱嵌入模块，通过邻域卷积提取 HSI 的综合谱信息，提出一种多层 GraphFormer 编码器模块，从像素块中提取具有代表性的空间光谱特征，用于 HSI 分类。GraphFormer 综合利用了变换器 GCN 的优势，将这两种结构组合成一个统一的变换器，用于提取 HSI 的全局和局部交互特征。

1.5.2 章节安排

本书章节安排如下。

第 1 章，绪论。主要介绍本书的研究背景，说明高光谱遥感影像分类的现实意义，概述高光谱遥感影像分类现状和存在的问题。为了便于读者理解，还对图神经网络的基础知识、本书实验所用的评价指标进行了介绍，并具体展示了本书研究内容和章节安排。

第 2 章，图半监督学习基本模型。阐述 GSSL 的基本理论知识、图的构造方法、GSSL 的经典算法，以及能够有效处理大规模数据的快速 GSSL 模型。

第 3 章，基于锚点图的快速半监督学习高光谱影像分类。本章从 GSSL 计算复杂度的角度出发，分析得出传统 GSSL 方法计算复杂度较高，无法处理大规模数据，而锚点图方法能够有效解决这个问题。构建基于自适应近邻锚点图的快速半监督学习模型，在三组图像数据库和三组 HSI 数据库上进行实验验证，并与两种经典的监督学习方法、三种传统的 GSSL 方法，以及一种锚点 GSSL 方法进行对比分析。

第 4 章，基于像素-超像素级特征联合的高光谱影像分类。通过分析超像素分割在 GNN 中处理 HSI 数据的应用价值及存在的问题，提出一种基于像素-超像素级特征融合的 HSI 分类模型。该模型将超像素级和像素级的信息提取过程融入一个统一的框架中，实现端到端的高光谱遥感影像分类。针对高光谱数据特点，在 GNN 中设计采用 EdgeConv 的信息传播方式，自适应地捕捉节点的相互关系。

第 5 章，基于全局动态图优化的高光谱影像分类。提出一种全新的构图方式，在根据超像素之间的空间距离和光谱相似性构建的全连接图基础上，利用图稀疏化和标签传播保留有效的边连接并赋予适当的权重。通过梯度优化GNN中的邻接矩阵，使该模型可以根据训练数据的分布及标签学习适宜于分类的图结构。

第6章，基于图变换器的高光谱影像分类。提出一种跟随像素块机制，将HSI中的像素转换为像素块，同时保留局部空间特征并降低计算成本。此外，设计了一种像素块谱嵌入模块来提取像素块的谱特征，开发了邻域卷积提取HSI中的综合谱信息；提出一个多层GraphFormer编码器模块，从像素块中提取具有代表性的空-谱特征，用于HSI分类。在本章所提的网络中，三个模块被联合集成到一个统一的端到端网络，每个模块都相互作用，可以提高HSI分类精度。

第 2 章　图半监督学习基本模型

2.1　引　　言

半监督学习模型通常包含[95]混合模型[114]、协同训练[115]、半监督支持向量机[116]、基于图的半监督学习[117]。其中，GSSL 方法容易实现，并且能够得到闭式解，近几年吸引了越来越多的关注。因此，本章重点研究 GSSL 方法。GSSL 方法遵从聚类假设[118]，这个假设也是合理的。因为在实际生活中，近邻的数据点通常具有相同的数据结构，很大概率上属于同一类样本[119]。GSSL 方法的经典模型通常由适应项和平滑项组成。前者的几何意义是一个好的分类函数对于初始的样本分布不会改变太多，后者的几何意义是相邻的数据点应该具有相同的类标信息[120]。基于此，GSSL 方法往往能够取得较好的分类结果。同时,GSSL 方法通过图的边将有标记的样本顶点传递给无标记的样本顶点[121]。该方法拥有完美的数学表达形式，通过对矩阵计算能够得到其解析解，运算简单，受到研究者的广泛青睐。鉴于构图方式的不同，本章主要以经典图模型和快速图模型为基础，深入分析基于经典图方法和锚点图方法的半监督学习机理，重点研究图的构造方法，即 GSSL 经典方法和快速 GSSL 方法。

2.2　符 号 说 明

在半监督学习模型中，假设样本点为 $\boldsymbol{X}=[x_1,\cdots,x_l,x_{l+1},\cdots,x_n]^{\mathrm{T}}\in\mathbf{R}^{n\times d}$，其中 n 为样本的个数，d 为样本的维数，$[x_1,x_2,\cdots,x_l]$ 表示前 l 个有标记的样本点。令 $\boldsymbol{Y}=\left[Y_1^{\mathrm{T}},Y_2^{\mathrm{T}},\cdots,Y_n^{\mathrm{T}}\right]^{\mathrm{T}}\in\mathbf{R}^{n\times c}$ 表示样本点对应的标签矩阵，其中 $Y_i^{\mathrm{T}}\in\mathbf{R}^c$，$c$ 为样本的类别数。对于有标记的样本点，如果 x_i 的标签为 j，则 $Y_{ij}=1$，$\boldsymbol{Y}$ 的第 i 行中的其他元素为 0；对于无标记的样本点 x_i，对应的 $\boldsymbol{Y}$ 中第 i 行的所有元素为 0。

令 $C=[1,2,\cdots,c]$ 表示标签的集合，其中前 l 个样本点 $x_i(i\leqslant l)$ 的标签为 $y_i\in c$，剩下 t 个数据点 $\left[x_{l+1},x_{l+2},\cdots,x_n\right]$ 没有标签，$n=l+t$。令 $\boldsymbol{F}=\left[F_1^{\mathrm{T}},F_2^{\mathrm{T}},\cdots,F_n^{\mathrm{T}}\right]^{\mathrm{T}}\in\mathbf{R}^{n\times c}$ 表示软标签矩阵，$F_i\in[0,1]$ 表示 $\boldsymbol{F}$ 中的第 i 行。

2.3　图 的 构 造

在 GSSL 模型中，构图是第一步也是关键一步，图的质量直接决定模型的性能。图是顶点 V 和边 E 构成的基本图形(图 2.1)，可表示为 $\mathcal{G}=(V,E,W)$，其中 W 为边的权重，衡量数据点之间的相似度。根据边是否带方向，可以分为无向图(每条边没有特定的方向，图 2.1 所示)和有向图(每条边有特定的方向，图 2.2 所示)。本书主要研究基于无向图的半监督学习方法，后面所提图模型均是指无向图。

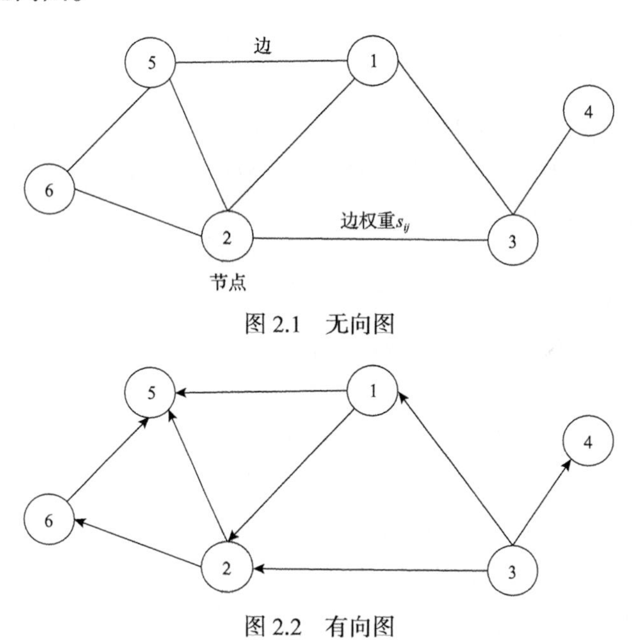

图 2.1　无向图

图 2.2　有向图

常用的构图方法有如下三种。

1) k 最近邻图

k 最近邻图(*k*-nearest neighbors graph, KNNG)认为图中的每个节点只与其具有某种距离(如欧几里得距离)最近的 k 个点相连接，而与其他点不相连，其中 k 为控制图密度的参数。由于相邻样本的距离在数据稠密和稀疏的区域有所不同，因此需要根据数据的密集程度调节 k 的大小，以实现 k 最近邻图跨度范围的调整。当样本处于稀疏区域时，由于样本间的距离较远，图的跨度范围会比较大。相反，当样本处于稠密区域时，样本间的距离较近，对应的图的跨度范围较小。通常，k 越小，构建的图模型的性能越好[122]。

2) ε 近邻图

k 最近邻图根据近邻点的个数判断两节点是否相连接，ε 近邻图则通过设置阈值距离 ε 判断节点之间的连接关系。当两节点之间的距离小于距离 ε 时，可以认为两节点之间存在连接关系；否则，两节点不相连。因此，与每个节点相连的点的个数并不是固定的，而且阈值距离 ε 的取值也会影响图的连通性，以及疏密程度[123]。

3) 全连接图

全连接图的构造非常容易，可以认为每个节点与其他节点之间都存在相连的边，并且每一对节点连接的边都有相应的权值，即存在权值函数，而且该函数还可以进行求导运算，便于算法的求解。但是，采用全连接图方法构造的图非常稠密，带来的计算量也较大[124]。

在 k 最近邻图和 ε 近邻图中，每个节点只与少部分节点具有连接关系，因此 k 最近邻图和 ε 近邻图都是稀疏图，相应地计算量也较小，而且大量的研究表明稀疏图的性能也较好[125]。

k 最近邻图与 ε 近邻图和全连接图相比更有优势，也更为常用。其主要原因如下。与全连接图相比，k 最近邻图的计算复杂度较低；采用 k 最近邻法构造的相似矩阵是稀疏的，更加有利于后续的机器学习任务；与 ε 近邻图相比，k 最近邻图涉及的参数 k 是整数，更容易调整。

然而，参数的选取对图模型的建立，以及基于图的机器学习模型性能具有较大的影响，不仅要选取与每个节点相连的其他节点，还需要确定与节点相连的边的权值，从而得到近邻矩阵。边的权值通常会通过如下两种方法进行确定，以此来表征数据点之间的相关性。

(1) 高斯核法，即

$$S_{ij}=\begin{cases}\exp\left(-\left\|x_i-x_j\right\|_2^2\right/2\sigma^2, & x_i\text{和}x_j\text{连接}\\ 0, & \text{其他}\end{cases} \tag{2.1}$$

其中，$\|\cdot\|$ 为向量的 L_2 范数；σ 为热核参数，在不同数据集上的取值不同，需要仔细调整。

(2) 欧几里得距离的倒数，即

$$S_{ij}=\frac{1}{\left\|x_i-x_j\right\|_2} \tag{2.2}$$

在获得近邻矩阵$\boldsymbol{S}$后，可得到对应的拉普拉斯矩阵$\boldsymbol{L}=\boldsymbol{D}-\boldsymbol{S}$，其中$\boldsymbol{D}$是对角矩阵，第$i$个对角线上的元素为$d_i=\sum_j S_{ij}$。

2.4　图半监督学习经典算法

经典的基于图的半监督学习模型有高斯场和调和函数(Gaussian fields and harmonic function, GFHF)方法[126]、局部全局一致性学习(learning with local and global consistency, LLGC)方法[118]、随机游走(random walk, RW)方法[127]、部分吸收随机游走(partially absorbing random walk, PARW)方法[128]等。这些方法都需要寻找一个标签预测函数，相关函数应该满足以下两个条件。一是在有标签信息的样本点处，一般使用损失函数来衡量通过标签预测函数计算出的样本点的标签，以及已知的样本点的真实标签，要求二者相同或者非常相近；二是采用正则项保证样本的局部平滑性，使相邻样本点的标签尽可能相似。一般目标函数被定义为

$$\boldsymbol{Q}=\varsigma+\boldsymbol{\Omega}(f)=\sum_{i=1}^{l}\boldsymbol{\Gamma}\left(x_i,y_i,f\left(x_i\right)\right)+\beta f^{\mathrm{T}}\boldsymbol{L}f \tag{2.3}$$

其中，ς为损失项；f为标签预测函数；$\boldsymbol{\Omega}(f)$为正则项，用于满足预测标签的平滑特性；$\boldsymbol{\Gamma}(\cdot)$通常采用二次损失函数来表示$l$个有标签样本点的损失，用于约束在有标签的样本点处得到预测标签，使其与所给样本的真实标签差距较小；$\boldsymbol{L}$为非负对称相似矩阵$\boldsymbol{S}$对应的图拉普拉斯矩阵，$\boldsymbol{L}=\boldsymbol{D}-\boldsymbol{S}$，$\boldsymbol{D}$为$\boldsymbol{S}$对应的对角矩阵；$\beta$为平衡损失项和正则项的参数。

通常，可使式(2.3)最小化实现标签预测函数的求解。大多数 GSSL 方法的目标函数均是式(2.3)的形式，差异在于有标签样本的范围、损失项的系数和正则项的形式。下面对几种典型的基于图的半监督学习模型进行简单介绍。

2.4.1　高斯场和调和函数法

基于 GFHF 的半监督学习方法利用高斯场与调和函数，将有标签样本点的标签信息传递给无标签样本[126]。GFHF 模型也可以描述为样本点在图上的 RW，并生成概率值的输出，即输出可视为某一类样本点的概率。GFHF 方法首先计算图$\mathcal{G}$上的实值函数$f:V\in\mathbf{R}$，然后根据得到的f分配标签。对于有标签的数据点，对f施加约束$f(i)=f_l(i)=y_i, i=1,2,\cdots,l$。通常希望图中相近

的无标签数据点有相似的标签，因此定义如下二次能量函数，即

$$E(f)=\frac{1}{2}\sum_{i,j}S_{ij}(f(i)-f(j))^2 \tag{2.4}$$

在函数 f 上分配如下概率分布，形成高斯场，即

$$p_\beta(f)=\frac{\mathrm{e}^{-\beta}E(f)}{Z_\beta} \tag{2.5}$$

其中，β 为超参数；$Z_\beta=\int_{f|L=f_l}\exp(-\beta E(f))\mathrm{d}f$ 为分配函数，用于规范有标签数据点上所有约束为 f_l 的函数。

可以证明，最小能量函数 $f=\arg\min_{f|L=f_l}E(f)$ 是谐波函数，即在无标记的样本点 $\Delta f=0$，在有标记的样本点 $\Delta f=f_l$，其中 $\Delta=\boldsymbol{D}-\boldsymbol{S}$ 表示以矩阵形式得到的组合拉普拉斯函数，$\boldsymbol{D}$ 是权重矩阵 $\boldsymbol{S}$ 对应的对角矩阵，第 $\boldsymbol{i}$ 个对角线上的元素为 $d_i=\sum_j S_{ij}$。

谐波特性指对于每个未标记数据点的 f 值，通常通过下式计算与其相邻点的 f 值的平均得到，即

$$f(j)=\frac{1}{d_j}\sum_{ij}S_{ij}f(i),\quad j=l+1,l+2,\cdots,n \tag{2.6}$$

其中，$f=\boldsymbol{P}f$，$\boldsymbol{P}=\boldsymbol{D}^{-1}\boldsymbol{S}$。

根据谐波函数最大值原理，f 有唯一解，且不是常数。对于无标签样本点，$0<f(j)<1$。

采用矩阵运算的方式计算谐波解，为了便于计算，将权重矩阵 $\boldsymbol{S}$ 的第 t 行和第 l 列作为分割线，$\boldsymbol{D}$ 和 $\boldsymbol{P}$ 也相应地进行划分，分块矩阵 $\boldsymbol{S}$ 可写为

$$\boldsymbol{S}=\begin{bmatrix}\boldsymbol{S}_{ll} & \boldsymbol{S}_{lt}\\ \boldsymbol{S}_{tl} & \boldsymbol{S}_{tt}\end{bmatrix} \tag{2.7}$$

令谐波解 $\Delta f=0$，可得未标记样本点的 $\boldsymbol{f}_t$ 值为

$$\boldsymbol{f}_t=\left(\boldsymbol{D}_{tt}-\boldsymbol{S}_{tt}\right)^{-1}\boldsymbol{S}_{tl}\boldsymbol{f}_l=\left(\boldsymbol{I}-\boldsymbol{P}_{tt}\right)^{-1}\boldsymbol{P}_{tl}\boldsymbol{f}_l \tag{2.8}$$

2.4.2　局部全局一致性法

在 GFHF 模型的基础上，Zhou 等[118]提出 LLGC 方法。LLGC 方法归一化了图模型的邻接矩阵，具体的目标函数为

$$\min \frac{1}{2}\left(\sum_{i,j=1}^{n}\omega_{ij}\left\|\frac{1}{\sqrt{D_{ii}}}F_i-\frac{1}{\sqrt{D_{ii}}}F_j\right\|^2+\mu\sum_{i=1}^{n}\left\|F_i-Y_i\right\|^2\right) \tag{2.9}$$

其中，参数μ为在有标记样本点处，通过预测函数得到的预测标签值与真实标签值的差异越小越好，并不要求预测值与真实值必须完全一致。

2.4.3　基于广义图规范化权重半监督学习方法

假设数据集为$\boldsymbol{X}=\left[x_1,x_2,\cdots,x_l,x_{l+1},\cdots,x_n\right]^{\mathrm{T}}\in\mathbf{R}^{n\times d}$，其中$n$和$d$分别表示样本的数目和维数；$\boldsymbol{Y}=\left[Y_1^{\mathrm{T}},Y_2^{\mathrm{T}},\cdots,Y_n^{\mathrm{T}}\right]^{\mathrm{T}}\in\mathbf{R}^{n\times c}$是对应的标签矩阵，其中$Y_i^{\mathrm{T}}\in\mathbf{R}^c$ $(1\leqslant i\leqslant n)$，$c$为类别数。对于有标签的数据点，如果$x_i$的标签为$j$，则$Y_i=0$；否则，$Y_{ij}=1$；对于其他样本点，$Y_i=0$。给定类标集合$C=\{1,2,\cdots,c\}$，表示前$l$个数据点$x_i(i\leqslant l)$的类标为$y_i\in C$，剩下的$n-l$个数据点$\{x_{l+1},x_{l+2},\cdots,x_n\}$没有类标信息，通常$l\ll n$。定义软标签矩阵$\boldsymbol{F}=\left[F_1^{\mathrm{T}},F_2^{\mathrm{T}},\cdots,F_n^{\mathrm{T}}\right]^{\mathrm{T}}\in\mathbf{R}^{n\times c}$，其中$F_i^{\mathrm{T}}\in\mathbf{R}^c(1\leqslant i\leqslant n)$且$F_i\in[0,1]$。

每个数据点x_i可以看作近邻图$\mathcal{G}=(V,E)$中的顶点V，其中E为图的边的集合，每一条边表示数据点x_i和x_j的相似关系。定义ω_{ij}为x_i和x_j之间边的权重，$\boldsymbol{W}=\{\omega_{ij}\}\in\mathbf{R}^{n\times n}$，$i,j\in\{1,2,\cdots,n\}$表示近邻图的相似矩阵，可以通过如下高斯函数进行计算，即

$$W_{ij}=\begin{cases}\exp\left(-\left\|x_i-x_j\right\|\right)_2^2\Big/2\sigma^2, & x_i\text{和}x_j\text{互为近邻点}\\ 0, & \text{其他}\end{cases} \tag{2.10}$$

根据图论[129]，一旦获得近邻矩阵$\boldsymbol{W}$，则对应的拉普拉斯矩阵为$\boldsymbol{L}=\boldsymbol{D}-\boldsymbol{W}$，其中$\boldsymbol{D}$为对角矩阵，第$i$个对角线上的元素为$d_i=\sum_j W_{ij}$。因此，关于$\boldsymbol{F}$的损失函数可定义为[130]

$$\zeta(\boldsymbol{F})=\sum_{i,j=1}^{n}W_{ij}\left\|F_i-F_j\right\|_F^2+\sum_{i=1}^{n}\beta_i\left\|F_i-Y_i\right\|_F^2, \tag{2.11}$$

其中，$\|\bullet\|_F$ 为矩阵的范数；$\beta_i>0$ 为正则化参数。

式(2.11)中，等号右边第一项为平滑项，衡量图上计算得到的样本点标签的平滑性，意味着该函数应该使相近的数据点具有相同的类标；等号右边第二项为适应项，表示得到的标签和初始标签不应该相差太多。

式(2.11)可以写成如下矩阵形式，即

$$\zeta(\boldsymbol{F})=\mathrm{Tr}\left(\boldsymbol{F}^{\mathrm{T}}\boldsymbol{L}\boldsymbol{F}\right)+\mathrm{Tr}\left((\boldsymbol{F}-\boldsymbol{Y})^{\mathrm{T}}\boldsymbol{B}(\boldsymbol{F}-\boldsymbol{Y})\right) \tag{2.12}$$

其中，$\boldsymbol{B}$ 为对角矩阵，对角线上的第 i 个元素为 β_i。

令 $\zeta(\boldsymbol{F})$ 关于 $\boldsymbol{F}$ 的导数为 0，可以得到式(2.12)的最优解，即

$$\left.\frac{\partial\zeta(\boldsymbol{F})}{\partial\boldsymbol{F}}\right|_{\boldsymbol{F}=\boldsymbol{F}^*}=2\boldsymbol{L}\boldsymbol{F}^*+2\boldsymbol{B}\left(\boldsymbol{F}^*-\boldsymbol{Y}\right)=0 \tag{2.13}$$

则最终解为

$$\boldsymbol{F}^*=(\boldsymbol{L}+\boldsymbol{B})^{-1}\boldsymbol{B}\boldsymbol{Y} \tag{2.14}$$

因此，x_i 的类标为

$$y_i=\arg\max_{j\leqslant c}F_{ij}^* \tag{2.15}$$

GSSL 方法的计算复杂度主要包括以下三个部分。

(1) 构建拉普拉斯矩阵 $\boldsymbol{L}$ 的计算复杂度为 $O\left(n^2d\right)$。

(2) 计算矩阵 $(\boldsymbol{L}+\boldsymbol{B})^{-1}$ 的复杂度为 $O\left(n^3\right)$。

(3) 通过式(2.14)获得软标签矩阵 $\boldsymbol{F}$ 的计算复杂度为 $O\left(n^2c\right)$。

由于 $c\ll d$，因此 GSSL 的整体计算复杂度为 $O\left(n^2d+n^3\right)$。

2.5　快速图半监督学习模型

GSSL 模型拥有完美的数学表示形式，并且可以通过简单的矩阵推导进行求解。然而，随着数据尺寸的急剧增长，对于大规模数据，该方法的计算复杂

度较高，并不适用。许多研究者致力于利用锚点图加速基于图的学习方法。下面以锚点图正则化(anchor graph regularization, AGR)模型为例，做简单的回顾。

令 $\boldsymbol{U}=\left[u_1,u_2,\cdots,u_m\right]^{\mathrm{T}}\in\mathbf{R}^{m\times d}$ 表示生成的锚点，可以通过随机采样或 k 均值聚类的方法获得。设 z_{ij} 为 $\boldsymbol{Z}$ 中的第 (i,j) 个元素，表示第 i 个数据点和第 j 个锚点间的相似性，可以通过如下方式定义，即

$$z_{ij}=\frac{K\left(x_i,u_j\right)}{\sum\limits_{s\in\Phi_i}K\left(x_i,u_s\right)},\quad j\in\Phi_i \tag{2.16}$$

其中，$\Phi_i\subset\{1,2,\cdots,m\}$ 为 $\boldsymbol{U}$ 中 x_i 的 k 个近邻点；$K(\bullet)$ 为核函数，通常采用高斯核函数 $K\left(x_i,u_j\right)=\exp\left(-\left\|x_i-u_j\right\|_2^2\big/2\sigma^2\right)$。

近邻矩阵 $\boldsymbol{W}$ 可以通过下式进行计算[131]，即

$$\boldsymbol{W}=\boldsymbol{Z}\boldsymbol{\Lambda}^{-1}\boldsymbol{Z} \tag{2.17}$$

其中，$\boldsymbol{\Lambda}\in\mathbf{R}^{m\times m}$ 为对角矩阵，$\Lambda_{jj}\in\sum\limits_{i=1}^{n}z_{ij}$；近邻矩阵 $\boldsymbol{W}$ 对应的拉普拉斯矩阵为 $\boldsymbol{L}=\boldsymbol{D}-\boldsymbol{W}=\boldsymbol{I}-\boldsymbol{Z}\boldsymbol{L}^{-1}\boldsymbol{Z}^{\mathrm{T}}$，$\boldsymbol{D}\in\mathbf{R}^{n\times n}$ 为度矩阵，第 i 个对角线上的元素为 $d_i=\sum\limits_{j}W_{ij}$。

同时，简化的拉普拉斯矩阵可以通过下式计算，即

$$\tilde{\boldsymbol{L}}=\boldsymbol{Z}^{\mathrm{T}}\boldsymbol{L}\boldsymbol{Z}=\boldsymbol{Z}^{\mathrm{T}}\left(\boldsymbol{I}-\boldsymbol{Z}\boldsymbol{\Lambda}^{-1}\boldsymbol{Z}^{\mathrm{T}}\right)=\boldsymbol{Z}\boldsymbol{Z}^{\mathrm{T}}-\left(\boldsymbol{Z}\boldsymbol{Z}^{\mathrm{T}}\right)\boldsymbol{\Lambda}^{-1}\left(\boldsymbol{Z}\boldsymbol{Z}^{\mathrm{T}}\right) \tag{2.18}$$

因此，AGR 的损失函数可以写为

$$\zeta(\boldsymbol{H})=\frac{1}{2}\left\|\boldsymbol{Z}_l\boldsymbol{H}-\boldsymbol{Y}\right\|_F^2+\frac{1}{2}\beta\mathrm{Tr}\left(\boldsymbol{H}^{\mathrm{T}}\tilde{\boldsymbol{L}}\boldsymbol{H}\right) \tag{2.19}$$

其中，$\boldsymbol{Z}_l\in\mathbf{R}^{n\times m}$ 对应有标签部分的子矩阵；$\boldsymbol{H}=\left[\boldsymbol{h}_1,\boldsymbol{h}_2,\cdots,\boldsymbol{h}_c\right]\in\mathbf{R}^{m\times c}$ 为与锚点相连的软标签矩阵，每一个列向量表示一类。

通过简单的几何计算，式(2.19)的解为

$$\boldsymbol{H}^*=\left(\boldsymbol{Z}_l^{\mathrm{T}}\boldsymbol{Z}_l+\beta\tilde{\boldsymbol{L}}\right)^{-1}\boldsymbol{Z}_l^{\mathrm{T}}\boldsymbol{Y} \tag{2.20}$$

无标记样本点的标签可以通过计算得到的锚点的软标签进行推测，即

$$y_i = \arg\max_{j \leqslant c} \frac{\boldsymbol{Z}_i h_j}{\xi_j}, \quad i = l+1, l+2, \cdots, n \tag{2.21}$$

其中，$\boldsymbol{Z}_i \in \mathbf{R}^{1\times m}$ 为 $\boldsymbol{Z}$ 的第 i 行；$\xi_j = \mathbf{1}^{\mathrm{T}} \boldsymbol{Z} h_j$ 为标准化变量。

AGR 的主要计算复杂度归纳如下。

(1) 随机选择锚点的计算复杂度为 $O(1)$，k 均值选锚点的计算复杂度为 $O(ndmt)$。

(2) 构建矩阵 $\boldsymbol{Z}$ 的计算复杂度为 $O(ndm)$。

(3) 根据式 (2.18) 计算图正则化的计算复杂度为 $O\left(m^3+nm^2\right)$。

(4) 根据式 (2.20) 计算软标签矩阵 $\boldsymbol{H}$ 的复杂度为 $O\left(m^3\right)+O(nmc)+O\left(m^2c\right)$。

对于大规模数据集，通常 $m \ll n$、$c \ll m$、$d \ll n$，因此基于锚点图的半监督学习方法的计算复杂度为 $O\left(ndm+nm^2\right)$。与传统的基于图的半监督学习方法相比，基于锚点图的半监督学习方法能在很大程度上降低计算复杂度。

2.6 本 章 小 结

本章运用理论分析、模型建立和矩阵推导相结合的方法论证图方法在半监督学习中的有效性，对比分析传统 GSSL 模型和快速 GSSL 模型的计算复杂度，为有效处理大规模数据提供坚实的理论依据。主要工作和结论如下。

(1) 在深入分析图构造机理的基础上，进一步研究图中顶点的不同连接方式、边的赋权重方式对应的构图方法。根据顶点连接方式的不同，可分为 k 最近邻法、ε 近邻法和全连接法。通过对比分析得出，k 最近邻法的计算复杂度较低、构造的相似矩阵是稀疏的，便于计算，并且参数是整数、易于调节，适用范围更广。

(2) 深入研究经典的基于图的半监督学习基本方法。构建 GSSL 基本模型，分析目标函数的物理意义，以及主要计算复杂度，揭示传统 GSSL 模型在处理大规模数据时存在的不足，为快速 GSSL 方法的研究提供坚实的理论依据。

(3) 基于 GSSL 方法论证快速 GSSL 模型的可行性和有效性。以基于锚点图正则化的半监督学习模型为基础，探讨利用锚点图构造半监督学习模型在降低计算复杂度、处理大规模数据方面的优势。

本章提供 GSSL 的理论基础，分析发现由于构图和标签传播过程中的计算复杂度较高，经典 GSSL 方法无法处理大规模数据，快速 GSSL 方法能有效降低模型的计算复杂度，适用于大规模数据的处理。因此，在接下来的工作中，以锚点图的研究为基础，采用锚点图、二部图、图优化等技术对 GSSL 方法进一步研究，实现大规模数据的有效处理。

第3章　基于锚点图的快速半监督学习高光谱影像分类

3.1　引　　言

大多数基于传统图方法的半监督学习模型的计算复杂度主要源于两个方面，图的建立和标签传播。构图的计算复杂度为$O\left(n^2 d\right)$，标签传播过程涉及对$n \times n$矩阵的求逆，计算复杂度为$O\left(n^3\right)$。当样本个数n很大时（如HSI数据[132]），对于大规模数据的处理并不适用。

随着近几年互联网数据爆炸式地增长，设计新的方法降低图方法的计算成本引起人们的广泛关注。为了提高模型的有效性和准确性，Wang 等[133]提出一种新的构建近似k最近邻图的方法。该方法将数据点按层次结构随机划分为子集，并在每个子集上构建精确的邻域图，将此过程重复多次，生成多个邻域图，再将这些邻域图组合在一起生成更精确的近似邻域图，然后提出一种近邻传播策略来提高准确性。Fergus 等[134]使用规范化图 Laplacian 的特征向量与加权 Laplace-Beltrami 的特征函数的收敛性获取半监督学习的高效近似值。Gong 等[135]提出 Neumann 级数逼近（Neumann series approximation, NSA）方法，用于精确近似传统 GSSL 模型的求逆过程。NSA 方法对于大规模数据的计算是可取的。

此外，许多研究者也致力于利用锚点加速图模型。不同于传统的图方法，基于锚点的图方法构造原始数据点与从原始数据点中选择的锚点之间的邻接关系。利用锚点构图的计算复杂度为$O(ndm)$，其中n、d和m分别为样本数、特征数和锚点数，通常$n \gg m$，因此利用基于锚点的图方法能在很大程度上降低计算复杂度。Liu 等率先提出锚点图正则化（anchor graph regularization, AGR）方法，并将其用于半监督学习中。该方法不仅能降低计算损失，而且能减小存储需求[131]。基于该工作，Wang 等[121]提出有效锚点图正则化（efficient anchor graph regularization, EAGR）方法，采用一种新的局部权重估计方法和更加有效的标准化图 Laplacian 方法用于半监督学习。Wang 等[95]进一步提出分层锚点图正则化（hierarchical anchor graph regularization, HAGR）方法。该方法在半监督学习的金字塔结构中包含多层锚点。锚点图也被用于处理大规模数据降维问题，Zhu 等[136]提出无监督大规模图嵌入(unsupervised large graph embedding, ULGE)方法，建立基于锚点的相似矩阵，并对该矩阵进行谱分析。此外，Wang 等[137]提出基于锚点图的快速谱聚类(fast spectral clustering with anchor graph, FSCAG)方法处理大规模高光谱数据。锚点图方法在其他领域也得到广泛应用，如图像聚类、分类、视觉排序、图像检索、判别跟踪等[138]。

受最近利用锚点图加速图方法研究工作的启发,结合自适应近邻图与锚点图的优点，提出一种新的基于锚点图的快速半监督学习(fast semisupervised learning with anchor graph, FSSLAG)方法。与传统图方法相比，FSSLAG 方法构建的自适应近邻锚点图不但具有免参、自然稀疏、尺度不变的特性，而且能够在很大程度上降低计算成本。

3.2　基于锚点图的快速半监督学习模型

令 $\boldsymbol{X}=\left[x_1,x_2,\cdots,x_l,x_{l+1},\cdots,x_n\right]^{\mathrm{T}}\in\mathbf{R}^{n\times d}$ 表示样本数据矩阵，n 为像元个数，d 为样本的维数(在 HSI 中称为波段数)，$\left\{x_1,x_2,\cdots,x_l\right\}$ 表示前 l 个有标记的样本点。n 个数据点对应图 $\mathcal{G}=(V,E)$ 的顶点 V，E 是边的集合，每一条边表示一对顶点间的相似性[139]。x_i 和 x_j 间边的权重定义为 ω_{ij}，$\forall i,j\in 1,2,\cdots,n,\boldsymbol{W}=\left\{\omega_{ij}\right\}\in\mathbf{R}^{n\times n}$ 表示近邻图的相似矩阵[137]。

3.2.1　自适应近邻锚点图的建立

基于锚点图的快速半监督学习方法首先需要构建锚点图,根据自适应近邻分配原则构建参数少、自然稀疏、尺度不变的自适应近邻锚点图。通常，锚点图方法首先需要从原始数据中寻找 m 个锚点，$n\gg m$，建立相似矩阵 $\boldsymbol{Z}\in\mathbf{R}^{n\times m}$ 衡量数据点和锚点间的相似性。

选择锚点是基于锚点图方法的第一步，一般可以通过两种方式实现，即随机选择和 k 均值。随机选择利用随机采样的方式从原始数据中选择 m 个锚点，其计算复杂度为 $O(1)$。k 均值使用 m 个聚类中心作为锚点，从而选择具有代表性的锚点，计算复杂度为 $O(ndmt)$，其中 t 为迭代次数。

产生的锚点可以表示为 $\boldsymbol{P}=\left[p_1,p_2,\cdots,p_m\right]^{\mathrm{T}}\in\mathbf{R}^{m\times d}$，第 i 个数据点和第 j 个锚点的相似性可以表示为 z_{ij}，通过下式定义，即

$$z_{ij}=\frac{K\left(x_i,p_j\right)}{\sum\limits_{s\in\Omega_i}K\left(x_i,p_s\right)},\quad j\in\Omega_i \tag{3.1}$$

其中，$\Omega_i\subset\{1,2,\cdots,m\}$ 表示 $\boldsymbol{P}$ 中与 x_i 距离最近的 k 个点的索引；$K(\bullet)$ 表示核函数，通常采用高斯核 $K\left(x_i,p_j\right)=\exp\left(-\left\|x_i-p_j\right\|_2^2\big/2\sigma^2\right)$。

然而，高斯核函数法引入额外的热核参数 σ，通常需要根据不同情形仔细调节来提高性能。通过上一章的对比分析可知，由自适应近邻法构建的图模型具有参数少、自然稀疏、尺度不变的优点，因此根据自适应近邻分配原则构建自适应近邻锚点图，可以通过求解下述问题得到 $\boldsymbol{Z}$ 的第 i 行，即

$$\min_{z_i^{\mathrm{T}}=1,z_{ij}\geqslant 0}\sum_{j=1}^{m}\left\|x_i-p_j\right\|_2^2 z_{ij}+\gamma z_{ij}^2 \tag{3.2}$$

其中，$\boldsymbol{z}_i^{\mathrm{T}}$ 表示 $\boldsymbol{Z}$ 的第 i 行，$\boldsymbol{z}_i$ 具有自然稀疏、尺度不变的特点，可以在很大程度上降低计算复杂度；x_i 和 p_j 间的欧几里得距离可以表示为 $d_{ij}=\left\|x_i-p_j\right\|_2^2$；$\gamma=\frac{k}{2}d_{i,k+1}-\frac{1}{2}\sum\limits_{j=1}^{k}d_{ij}$，式(3.2)的解为

$$z_{ij}=\frac{d_{i,k+1}-d_{i,j}}{kd_{i,k+1}-\sum\limits_{j=1}^{k}d_{i,j}} \tag{3.3}$$

一旦获得矩阵 $\boldsymbol{Z}$，近邻矩阵 $\boldsymbol{W}$ 就可以通过下式计算，即

$$\boldsymbol{W}=\boldsymbol{Z}\boldsymbol{\Lambda}^{-1}\boldsymbol{Z}^{\mathrm{T}} \tag{3.4}$$

其中，$\boldsymbol{\Lambda}\in\mathbf{R}^{m\times m}$ 为对角矩阵，对角线上的元素为 $\Lambda_{jj}=\sum\limits_{i=1}^{n}z_{ij}$。

图 3.1 直观地给出了构建 $\boldsymbol{Z}$ 的示意图。图中 $\boldsymbol{Z}$ 的建立是基于三环合成数据，该数据包含 5000 个样本点，采用 k 均值方法从原始数据中选出 200 个锚点。图中，深色点表示原始数据点，浅色点表示锚点。为了便于观察，只展示一小部分表示原始数据点和锚点间的边。

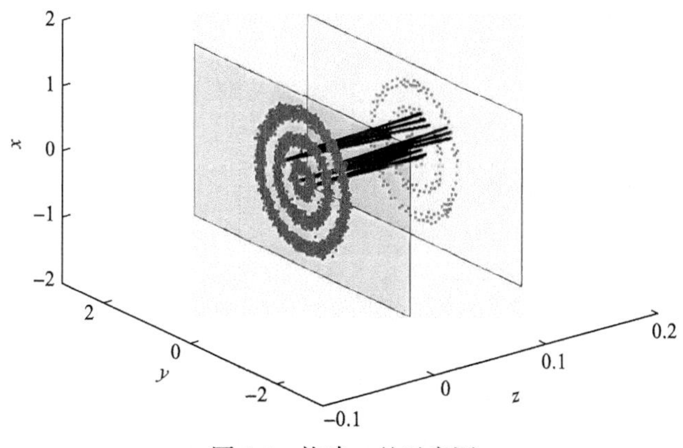

图 3.1　构建 $\boldsymbol{Z}$ 的示意图

3.2.2　基于锚点图的快速半监督学习

得到近邻矩阵 $\boldsymbol{W}$ 后，可以构建如下基于图的快速半监督学习模型，即

$$\min \sum_{i,j=1}^{n} \omega_{ij} \left\| \boldsymbol{F}_i - \boldsymbol{F}_j \right\|_F^2 + \sum_{i=1}^{n} u_i \left\| \boldsymbol{F}_i - \boldsymbol{Y}_j \right\|_F^2 \tag{3.5}$$

其中，$\boldsymbol{F}$ 为需要求解的软标签矩阵；$\|\bullet\|_F$ 为矩阵的 Frobenius 范数。

在式(3.5)中，第一项为平滑项，衡量通过计算得到的标签的平滑性，这意味着一个好的分类函数应该给距离较近的点分配相似的标签。第二项为适应项，衡量计算出的标签与初始标签的差异性，这意味着计算出的标签与初始给出的标签应该尽可能一致。这两项间用权重参数 u_i 来控制，$u_i > 0$ 是第 i 个数据点 x_i 的规则化参数[139]。

为了便于分析，式(3.5)可以写为矩阵形式，即

$$\varsigma(\boldsymbol{F}) = \mathrm{Tr}\left(\boldsymbol{F}^{\mathrm{T}} \boldsymbol{L} \boldsymbol{F}\right) + \mathrm{Tr}\left((\boldsymbol{F} - \boldsymbol{Y})^{\mathrm{T}} \boldsymbol{U} (\boldsymbol{F} - \boldsymbol{Y})\right) \tag{3.6}$$

其中，$\boldsymbol{U}$ 为对角矩阵，第 i 个元素为 u_i；$\boldsymbol{L} = \boldsymbol{D} - \boldsymbol{W}$ 为拉普拉斯矩阵，对角矩阵 $\boldsymbol{D} \in \mathbf{R}^{n \times n}$ 为度矩阵，第 i 个对角元素为 $\sum_{j=1}^{n} \omega_{ij}$，$\boldsymbol{W}$ 为双随机矩阵，具有自动标准化的特点，因此得到的度矩阵是一个单位矩阵[95,140]，$\boldsymbol{W}$ 也可以写为 $\boldsymbol{W}=\boldsymbol{B}\boldsymbol{B}^{\mathrm{T}}$，其中 $\boldsymbol{B}=\boldsymbol{Z}\boldsymbol{\Lambda}^{\frac{1}{2}}$。

式(3.6)的最优解可以很容易地通过矩阵求导的方法进行计算，即

$$\left.\frac{\partial \varsigma(\boldsymbol{F})}{\partial \boldsymbol{F}}\right|_{\boldsymbol{F}=\boldsymbol{F}^*} = 2\boldsymbol{L}\boldsymbol{F}^* + 2\boldsymbol{U}\left(\boldsymbol{F}^* - \boldsymbol{Y}\right) = 0 \tag{3.7}$$

因此，式(3.7)的最终解为

$$\boldsymbol{F}^* = (\boldsymbol{L}+\boldsymbol{U})^{-1}\boldsymbol{U}\boldsymbol{Y} = \left(\boldsymbol{I} - \boldsymbol{B}\boldsymbol{B}^{\mathrm{T}} + \boldsymbol{U}\right)^{-1}\boldsymbol{U}\boldsymbol{Y} \tag{3.8}$$

根据 Woodbury 矩阵的定义，$(\boldsymbol{A}-\boldsymbol{U}\boldsymbol{C}\boldsymbol{V})^{-1}=\boldsymbol{A}^{-1}+\boldsymbol{A}^{-1}\boldsymbol{U}\left(\boldsymbol{C}^{-1}-\boldsymbol{V}\boldsymbol{A}^{-1}\boldsymbol{U}\right)^{-1}\boldsymbol{V}\boldsymbol{A}^{-1}$。式(3.8)的大规模矩阵求逆过程可以通过求解 Woodbury 矩阵来降低计算的复杂度。令 $\boldsymbol{I}_a = (\boldsymbol{I}+\boldsymbol{U})^{-1}$，$\boldsymbol{I}_a$ 为 $n \times n$ 的对角矩阵，第 i 个元素为 $a_i = \frac{1}{1+u_i}$，$\boldsymbol{I}_\beta = \boldsymbol{I} - \boldsymbol{I}_\alpha$。式(3.8)可以简化为

$$\boldsymbol{F}^* = \left[\boldsymbol{I} + \boldsymbol{I}_\alpha \boldsymbol{B}\left(\boldsymbol{I} - \boldsymbol{B}^{\mathrm{T}}\boldsymbol{I}_\alpha\boldsymbol{B}\right)^{-1}\boldsymbol{B}^{\mathrm{T}}\right]\boldsymbol{I}_\beta\boldsymbol{Y} \tag{3.9}$$

一旦获得软标签矩阵 $\boldsymbol{F}^*$，则数据点 x_i 的标签为

$$y_i = \arg\max_{j\leqslant c} F_{ij}^* \tag{3.10}$$

FSSLAG 算法如算法 3.1 所示。

算法 3.1：FSSLAG 算法

输入： 数据矩阵 $\boldsymbol{X} \in \mathbf{R}^{n\times d}$，其类别数为 c，锚点个数为 m，近邻点个数为 k，规则化参数为 u

1：随机选择 m 个锚点，需要的计算复杂度为 $O(1)$；

2：根据式(3.3)计算矩阵 $\boldsymbol{Z}$，需要的计算复杂度为 $O(ndm)$；

3：根据式(3.9)计算软标签矩阵 $\boldsymbol{F}^*$；

4：根据式(3.10)为每个数据点 x_i 分配标签；

输出： 数据点 x_i 的标签 y_i

FSSLAG 算法的计算复杂度为 $O(ndm)$，传统图方法的计算复杂度为 $O\left(n^3+n^2d\right)$，通常对于大规模数据，$m \ll n$、$c \ll m$、$d \ll n$，因此 FSSLAG

算法的计算复杂度远小于传统 GSSL 方法，体现出 FSSLAG 方法在计算效率方面的优势。

3.3 实验验证

为了验证所提算法的有效性，在三组 HSI 数据库(Indian Pines、Salinas 和 Pavia Center)和三组基准图像数据库(PalmData25、USPS 和 SenSIT)上进行实验。将 FSSLAG 算法与有监督的分类方法 LIBSVM(library for support vector machine)[141]、基于传统图模型的半监督分类方法(如 GFHF(Gaussian fields and harmonic function)[126]、LLGC(learning with local and global consistency)[118]、PARW(partially absorbing random walk)[128])，以及 AGR[131]方法进行比较。LIBSVM、GFHF、LLGC、PARW 和 AGR 的参数设置均与上述章节保持一致。AGR 的参数设置与文献[131]相同。在所有的图模型中，近邻点个数均设为 5。实验平台为 Windows 10 系统，3.8GHz 主频，i7-10700K CPU，32GB 内存。

3.3.1　高光谱影像数据库实验结果

在三组高光谱数据库上进行实验，采用定量评价指标(OA 和 κ)，可视化分类结果图，通过时间损失评估不同算法的性能。对于所有方法，重复 5 次实验取均值。从每一类中随机选取 $q=\{1\%,2\%,\cdots,10\%\}$ 个有标记的样本点。当选择的某类样本点个数小于 10 时，从该类中选取 10 个有标记的样本点。

首先，在 Indian Pines 数据库上测试算法的性能。对于 AGR 和 FSSLAG 方法，锚点个数设为 $m=1000$，采用随机选点的方法选取锚点，以降低锚点选取的计算复杂度。FSSLAG 方法中的规则化参数设为 $u=10$。随着每类中有标记样本点百分比的变化，对应的 OA 和 κ 的变化曲线如图 3.2 所示。作为一个基本变化趋势，随着有标记样本数的增加，所有方法的分类性能随之提升。表 3.1 记录了每一类选取 10%的样本点时对应的定量评价指标和时间损失，粗体表示性能最优(本书其余表格同此)。可以看出，在 Indian Pines 数据库上，GFHF 方法得到的 OA=71.02%，κ=0.667，需要耗费的时间为 4.305s；FSSLAG 方法得到的 OA=70.13%，κ=0.657，需要耗费的时间为 0.563s。FSSLAG 方法得到的定量评价指标与 GFHF 方法接近，但是耗费的时间大大减少。传统图方法(GFHF、LLGC 和 PARW)仍能够工作是因为在 Indian Pines 数据库上的样本总数仅为 10249，并不属于大规模高光谱数据。图 3.3 直观显示了分类结果图，可以发现，GFHF、LLGC、PARW 和 FSSLAG 方法得到的分类结果较为平滑。

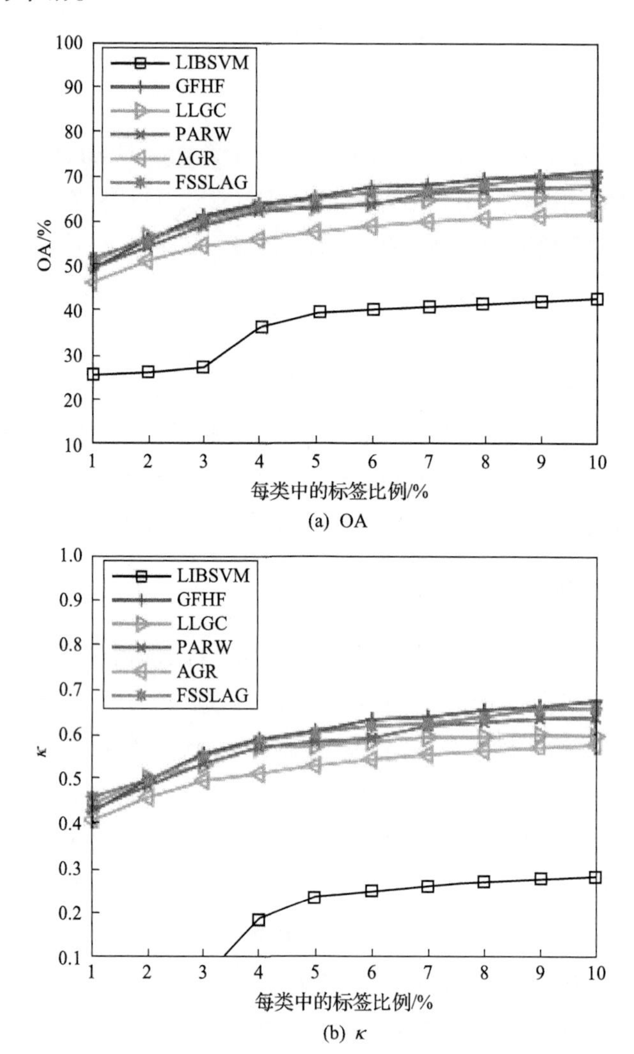

图 3.2 Indian Pines 数据库上每类有标记样本的百分比与定量评价指标的关系

表 3.1 Indian Pines 数据库上的评价指标和时间损失

指标	LIBSVM	GFHF	LLGC	PARW	AGR	FSSLAG
OA/%	36.29	**71.02**	66.20	67.93	58.71	70.13
κ	0.192	**0.667**	0.606	0.635	0.541	0.657
时间/s	2.084	4.305	4.370	4.215	5.644	**0.563**

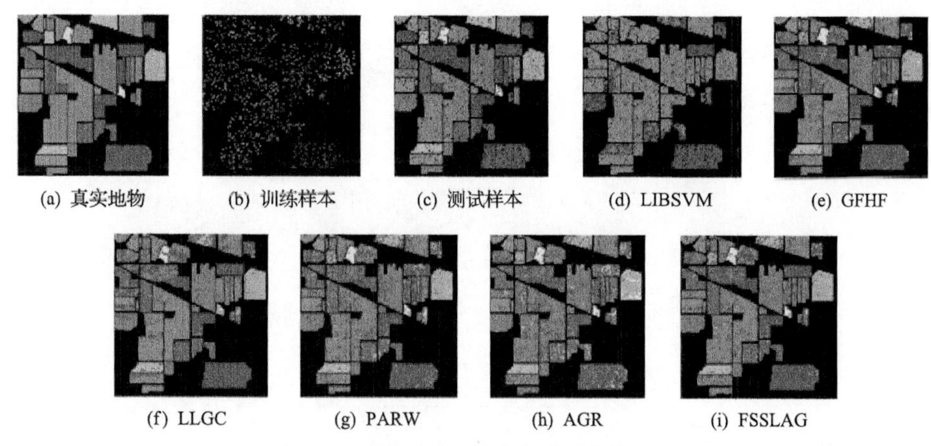

图 3.3　Indian Pines 数据库上分类结果图

接下来，在 Salinas 数据库上验证算法的性能。AGR 和 FSSLAG 方法中的锚点个数设为 $m=2000$，FSSLAG 方法中 $u=10^6$。关于每一类中有标记的样本 $q=\{1\%,2\%,\cdots,10\%\}$ 的性能曲线如图 3.4 所示。可以看出，FSSLAG 方法的性能最好。从每类中选取 10%的有标记样本点时，由每种算法得到的定量评价指标和时间损失如表 3.2 所示。对应的地物分类结果图如图 3.5 所示。从表 3.2 可以发现，在五种基于图的半监督分类方法中，只有 AGR 和 FSSLAG 方法能正常工作，而其他方法都会显示超内存(out-of-memory, OM)错误。原因是，Salinas 数据库的样本数为 54129，属于大规模数据库，而 GFHF、LLGC 和 PARW 方法需要的计算复杂度为 $O\left(n^2d+n^3\right)$。从表 3.2 还可以看到，FSSLAG 方法得到的定量评价指标最高，OA=88.86%，κ=0.876，并且只需要 2.866s。图 3.4

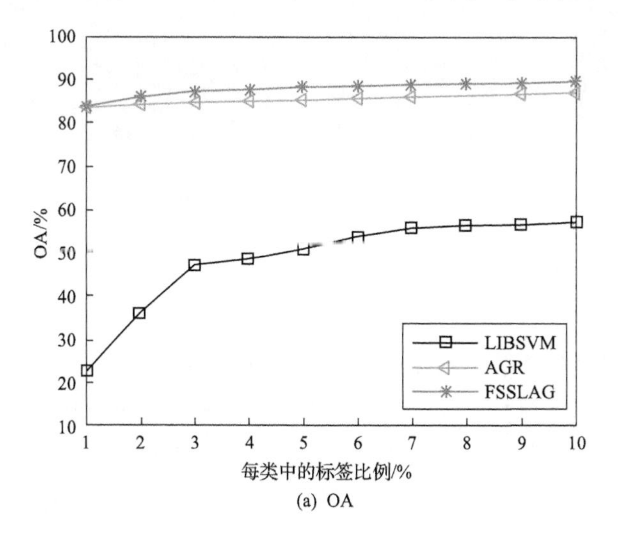

(a) OA

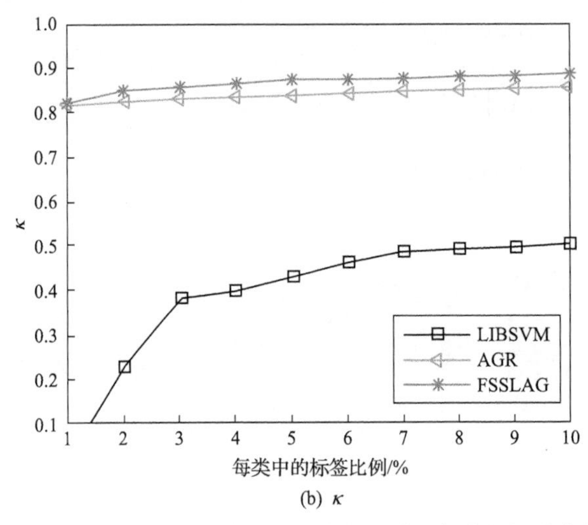

(b) κ

图 3.4　Salinas 数据库上每类有标记样本的百分比与定量评价指标的关系

表 3.2　Salinas 数据库上的评价指标和时间损失

指标	LIBSVM	GFHF	LLGC	PARW	AGR	FSSLAG
OA/%	52.33	OM	OM	OM	86.86	**88.86**
κ	0.446	OM	OM	OM	0.854	**0.876**
时间/s	70.12	OM	OM	OM	11.25	**2.866**

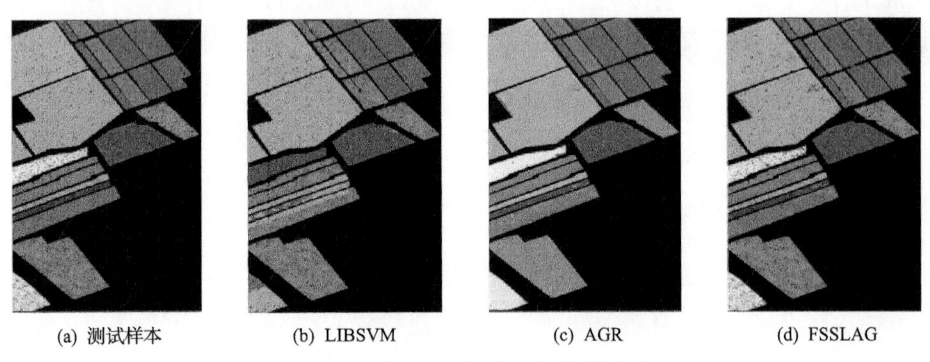

(a) 测试样本　　(b) LIBSVM　　(c) AGR　　(d) FSSLAG

图 3.5　Salinas 数据库上分类结果图

显示出 FSSLAG 方法可以得到更加平滑的分类图。

最后，在 Pavia Center 数据库上再次验证算法的性能。AGR 和 FSSLAG 方法中的锚点个数设为 $m = 2000$，FSSLAG 方法中 $u = 10^9$。随着每一类中有标记样本百分比 $q = \{1\%, 2\%, \cdots, 10\%\}$ 的变化得到的性能曲线如图 3.6 所示。可以看出，FSSLAG 和 AGR 方法的性能最好。表 3.3 列出了每类选取 10%的有标记样本时得到的定量评价指标和时间损失。对应的分类结果如图 3.7 所示。

根据表 3.3 可以看出，由 FSSLAG 方法得到的 OA 最高，达到 97.36%，κ也最大，为 0.963，并且需要的时间最短，为 7.538s。尽管由 FSSLAG 和 AGR 方法得到的定量评价指标比较接近，但是 FSSLAG 方法比 AGR 方法的速度更快。图 3.7 也显示了 FSSLAG 方法能够得到更加平滑的分类结果图。

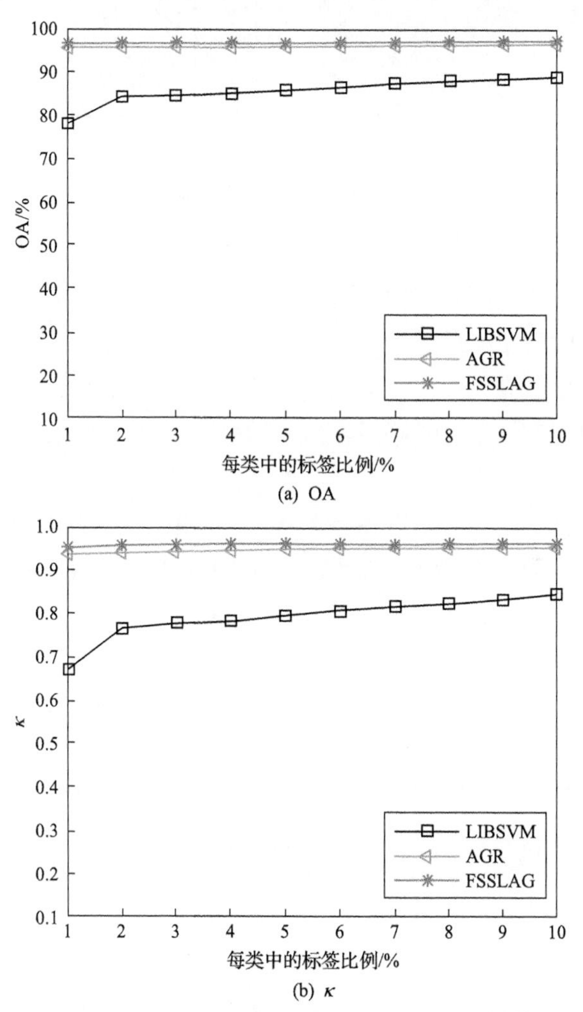

图 3.6　Pavia Center 数据库上每类有标记样本的百分比与定量评价指标的关系

表 3.3　Pavia Center 数据库上的评价指标和时间损失

指标	LIBSVM	GFHF	LLGC	PARW	AGR	FSSLAG
OA/%	88.36	OM	OM	OM	96.87	**97.36**
κ	0.831	OM	OM	OM	0.956	**0.963**
时间/s	84.17	OM	OM	OM	102.5	**7.538**

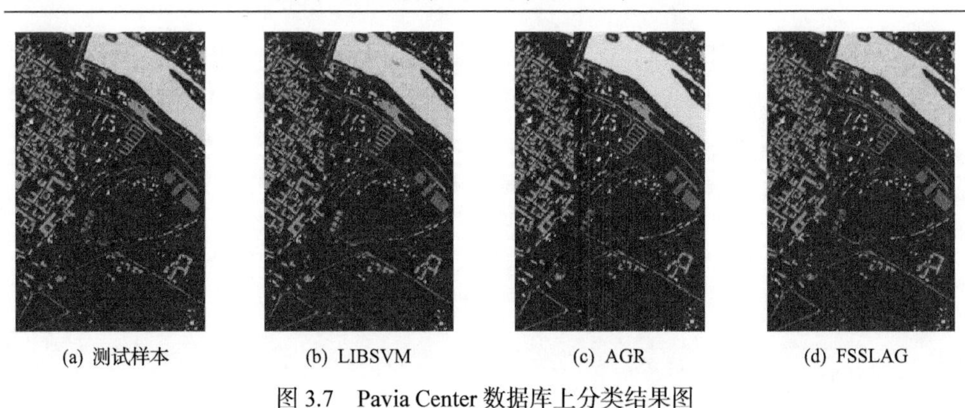

图 3.7　Pavia Center 数据库上分类结果图

此外，在 Indian Pines 数据库上，验证参数对 FSSLAG 方法性能的影响。从每类样本中随机选取 10%的样本作为有标记的样本，当样本数不足 100 时，从该类中选取 10 个样本点。

固定 $m=1000$ 、 $k=5$ ， u 的变化范围为 $10^{-10}\sim10^{10}$ ，对应的实验结果如图 3.8 所示。可以看出，规则化参数 u 对 FSSLAG 方法的性能有较大的影响，需要仔细调整。

固定 $m=1000$ 、 $u=10$ ，观察参数 k 对 FSSLAG 方法性能的影响。k 的取值范围为 $\{3,9,\cdots,21\}$ ，对应的实验结果如图 3.9 所示。可以看到，总的趋势是随着近邻点个数的增加，FSSLAG 方法的性能会变差。

固定 $k=5$ 、$u=10$ ，观察参数 m 对 FSSLAG 方法性能的影响。由于 FSSLAG 方法的计算复杂度为 $O(mdn)$ ，因此 m 的大小也会影响 FSSLAG 方法的时间损失。当 m 的取值为 $\{500,1000,\cdots,5000\}$ 时，由 AGR 方法和 FSSLAG 方法得到的 κ 和耗费的时间如图 3.10 所示。可以看出，本章所提方法的性能对于参

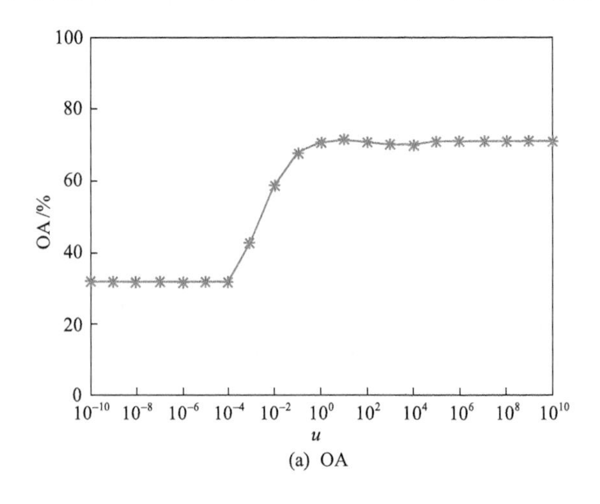

(a) OA

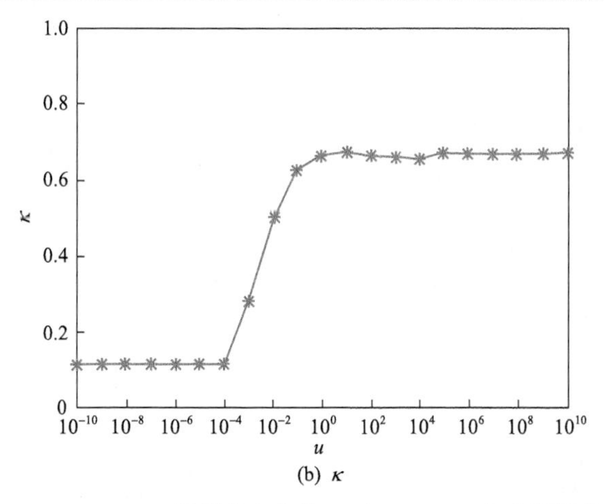

(b) κ

图 3.8　Indian Pains 数据库上参数 u 对 FSSLAG 方法性能的影响

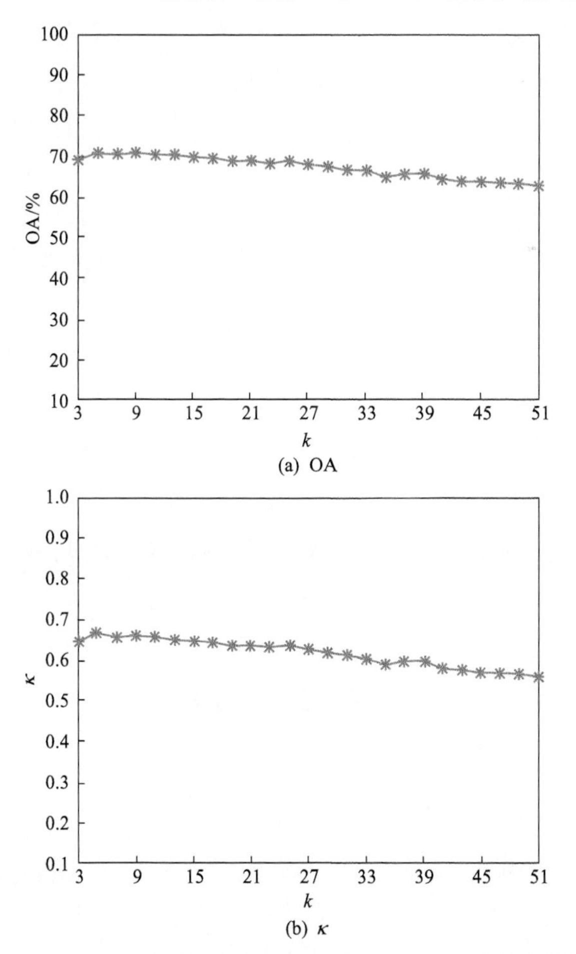

(a) OA

(b) κ

图 3.9　Indian Pains 数据库上参数 k 对 FSSLAG 方法性能的影响

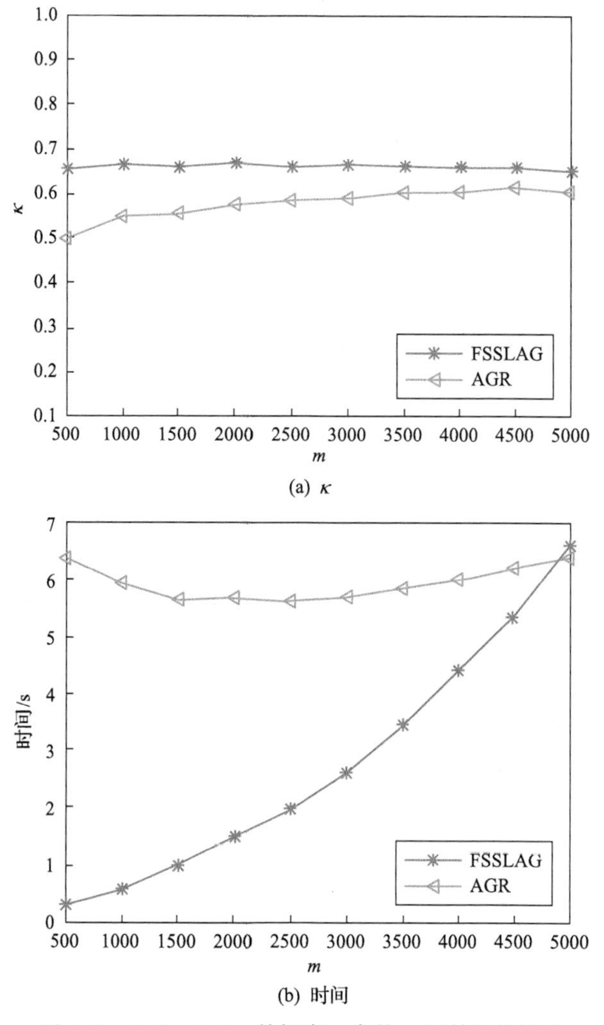

(a) κ

(b) 时间

图 3.10　Indian Pains 数据库上参数 m 对结果的影响

数 m 的变化较为鲁棒，但是随着锚点个数的增加，耗费的时间也越来越多。无论 m 的取值是多少，本章所提方法得到的 κ 一直比 AGR 方法要好。在小样本数据库 Indian Pines 上，设置锚点数 $m=1000$ 是合理的，不但可以确保分类结果，而且耗费的时间也少。

3.3.2　基准图像数据库实验结果

从每一类中选择 $\{1,2,\cdots,10\}$ 个有标记的样本点时，得到的 OA 如图 3.11 所示。当每类选取 10 个有标记样本点时，由各种方法得到的分类精度和时间损失分别如表 3.4 和表 3.5 所示（OM 表示内存溢出）。

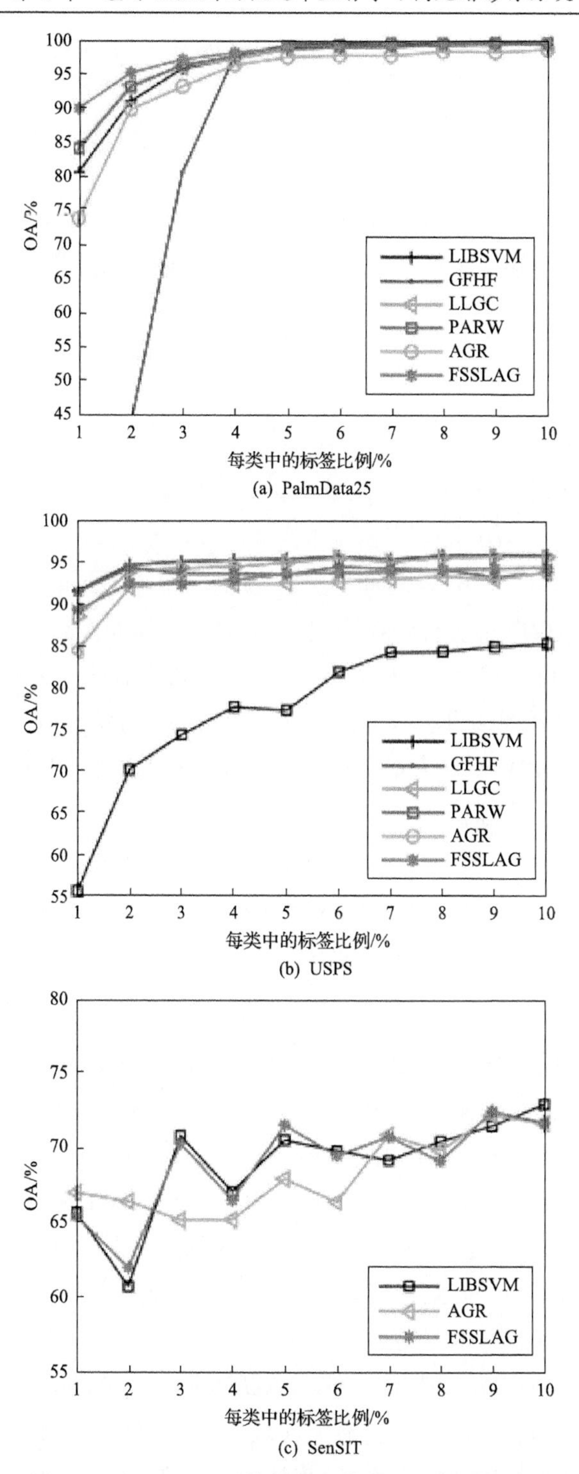

(a) PalmData25

(b) USPS

(c) SenSIT

图 3.11　Indian Pains 数据库上参数 m 对结果的影响

表 3.4　每类选取 10 个样本点时基准图像数据库上的分类精度　（单位：%）

数据库	LIBSVM	GFHF	LLGC	PARW	AGR	FSSLAG
PalmData25	99.78	**99.95**	99.69	99.86	99.86	99.68
USPS	85.40	**96.04**	95.85	93.94	93.97	94.51
SenSIT	**72.65**	OM	OM	OM	71.40	71.43

表 3.5　每类选取 10 个样本点时基准图像数据库上的时间损失　（单位：s）

数据库	LIBSVM	GFHF	LLGC	PARW	AGR	FSSLAG
PalmData25	0.686	**0.156**	0.180	0.172	1.512	0.172
USPS	**0.280**	32.2	32.3	32.2	86.5	81.8
SenSIT	**0.647**	OM	OM	OM	12917	**12876**

在 PalmData25 数据库上，对于 AGR 和 FSSLAG 方法，锚点个数设为 $m=500$，采用 k 均值方法选择具有代表性的锚点，FSSLAG 方法中的规则化参数设为 $u=10^0$。所有方法得到的分类结果如图 3.11(a)所示。可以看到，所有算法的性能均是随着每类中有标记样本点个数的增加而提高,其中 FSSLAG 方法的性能一直优于其他方法。从表 3.4 可以看到，所有方法得到的分类精度相近，结合表 3.5 中的时间损失可以看出，几种经典 GSSL 方法，以及 FSSLAG 方法所需的时间相近，LIBSVM 方法需要的时间较多。这是由于 LIBSVM 方法在分类过程中需要进行不断交叉验证。AGR 方法耗费的时间也较长，这是因为 PalmData25 数据库的样本总数为 $n=2000$，选出的锚点数为 $m=500$，PalmData25 不属于大规模数据库，m 不能忽略，因此在 PalmData25 数据库上，AGR 方法的计算复杂度为 $O\left(ndmt+2m^3+nm^2+nmc+m^2c\right)$，导致相应的时间损失也较大。

在 USPS 数据库上，对于 AGR 和 FSSLAG 方法，锚点个数设为 $m=1000$，FSSLAG 方法中的规则化参数设为 $u=10^{-2}$。得到的分类结果如图 3.11(b)所示。可以看出，几种基于图的半监督学习方法得到的分类结果明显优于 LIBSVM 方法。结合表 3.4 和表 3.5 可以看出，由 GFHF 方法得到的分类结果最好。这是由于该方法使用所有样本构建图模型。AGR 和 FSSLAG 方法耗费的时间较多，这是由于这两种方法的第一步都是采用 k 均值选取锚点，其计算复杂度为 $O(ndmt)$，t 为迭代次数。FSSLAG 方法得到的分类精度高于 AGR 方法，耗费的时间比 AGR 方法少，说明 FSSLAG 方法的性能优于 AGR 方法。

在大样本数据库 SenSIT 上，对于 AGR 和 FSSLAG 方法，锚点个数设为 $m=2000$，FSSLAG 方法中的规则化参数设为 $u=10^{-1}$。得到的分类结果与每类选取的有标记样本点个数的关系如图 3.11(c)所示。可以看到，在大多数情形下，FSSLAG 方法得到的分类结果优于 AGR 方法，而几种经典的 GSSL 方法显示超出内存，无法工作，说明研究快速 GSSL 方法的重要性。FSSLAG 方法得到的分类精度略高于 AGR 方法，耗费的时间比 AGR 方法少，说明 FSSLAG 方法优于 AGR 方法。在 ScnSIT 数据库上，LIBSVM 方法得到的分类精度最高，耗费的时间最短，但是在 USPS 数据库上，LIBSVM 方法得到的分类精度远低于其他方法，而 FSSLAG 方法在三组数据库上的结果均没有明显劣势，说明 FSSLAG 方法的普适性。

FSSLAG 方法中存在 3 个参数，即 u 、m 和 k ，在 PalmData25 数据库上进行实验，观察参数对模型性能的影响。从每类样本中随机选取 10 个样本作为有标记的样本点。

固定 $m=500$ 、$k=5$ ，u 的变化范围为 $10^{-5}\sim10^{5}$ 时得到的分类精度如图 3.12(a)所示。可以看出，由不同的规则化参数 u 得到的分类精度的变化范围较大。因此，参数 u 对 FSSLAG 方法的性能影响较大，在实验过程中需

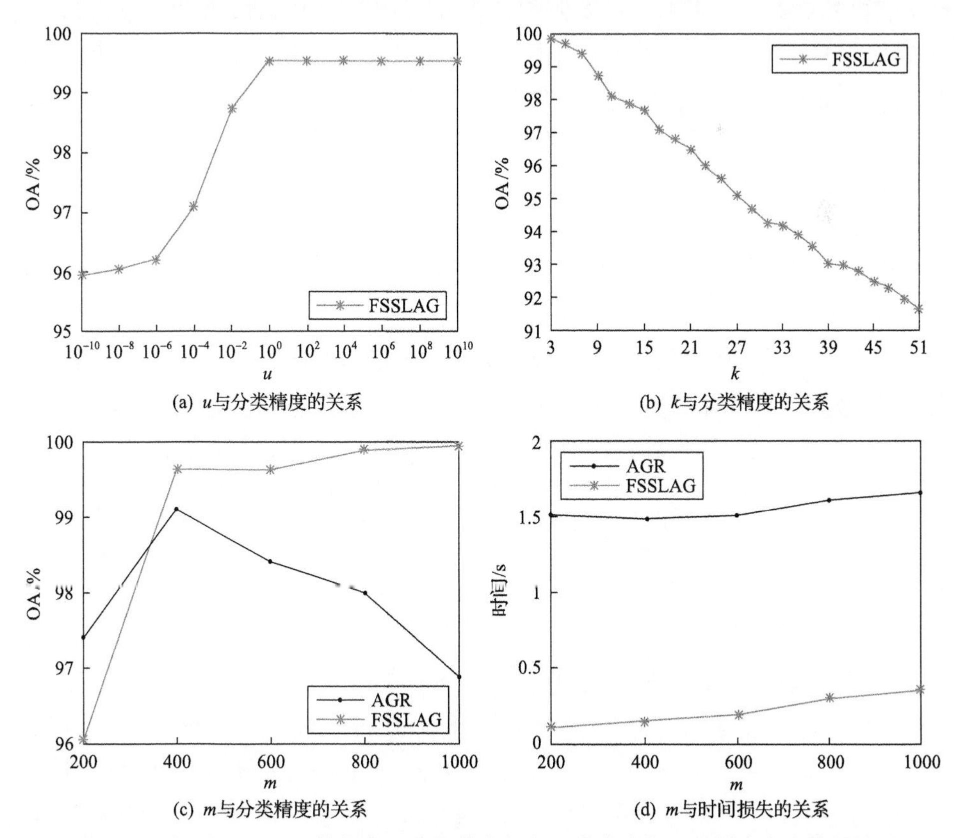

图 3.12　在 PalmData25 数据库上分类精度与每一类中有标记的样本点个数的关系

要仔细调节。

固定$m=500$、$u=10^{-2}$，观察近邻点个数k对FSSLAG方法的影响。k的取值为$\{3,9,\cdots,51\}$，得到的分类精度如图3.12(b)所示。可以看出，总体趋势是，随着近邻点个数的增加，FSSLAG方法得到的分类精度也随之下降。

固定$k=5$、$u=10^{-2}$，观察参数m对AGR和FSSLAG方法性能的影响，m的变化范围为$\{200,400,\cdots,1000\}$。锚点个数m与分类精度的关系如图3.12(c)所示。可以看出，对于FSSLAG方法，总的趋势是随着锚点个数的增加得到的分类精度也随之增加。此外，在大多数情形下，由FSSLAG方法得到的分类精度高于AGR方法，表明FSSLAG方法的性能优于AGR方法。当选择的锚点数大于400时，AGR方法的性能反而会下降，这是由于AGR方法是采用高斯核函数构造的图，图的性能受样本点的影响较大，从另一个方面验证了采用自适应近邻图法构造锚点图的优势。AGR和FSSLAG方法的计算复杂度均与锚点个数m有关。如图3.12(d)所示，大体趋势是随着锚点个数的增加，耗费的时间也越来越多，并且AGR方法耗费的时间比FSSLAG方法多。这是由于PalmData25并不属于大规模数据库，锚点个数不能忽略，而AGR方法的计算复杂度与锚点的个数有较大的关系。

3.4 本章小结

本章针对传统GSSL方法存在的计算复杂度较高，无法处理大规模数据问题，研究FSSLAG方法。其主要工作和结论如下。

(1)以自适应近邻图为基础，构建自适应近邻锚点图，不但可以保留自适应近邻图参数少、自然稀疏、尺度不变的优点，而且可以降低构图的计算复杂度。采用随机选点或k均值方法选取具有代表性的锚点，根据自适应近邻分配原则建立锚点和原始点的连接关系，将构图的计算复杂度由$O(n^2d)$降低到$O(ndm)$。

(2)根据构建的自适应近邻锚点图，提出基于锚点图的快速半监督学习方法，并采用Woodbury矩阵解决大规模矩阵求逆问题，可以有效降低计算复杂度，解决大规模数据处理问题。

(3)在三组HSI数据库和三组基准图像数据库上进行实验验证，并与经典的GSSL方法、基于锚点图的快速半监督学习方法进行对比分析。结果表明，提出的FSSLAG方法能有效处理大规模数据，不但能够保留较好的分类精度，而且能够显著降低计算时间。不同类型数据库上的实验结果也验证了提出的FSSLAG方法的适用范围更广，具有较好的普适性。

第4章　基于像素-超像素级特征联合的高光谱影像分类

4.1　引　　言

GNN 作为一种经典的基于图结构数据的神经网络学习模型，近年来在 HSI 处理领域得到广泛应用[142,143]。在较早的 GNN 模型中，HSI 被视为一个图，其中每个像素点是一个节点，图中的每条边代表两个像素点之间的相似性或连接关系[89]。通过在此图上执行卷积操作，GNN 能够学习图上的特征表示，从而实现 HSI 数据的分类。尽管如此，由于 HSI 通常具有较大的尺寸规模和高维特性，以像素点为基础构建图会面临计算复杂度高和噪声敏感等问题[142]。为解决这些问题，基于超像素点构图的方法应运而生，它将每个超像素视为图中的一个节点，从而显著降低构图规模，同时保留 HSI 中的局部空间信息[144,145]。然而，这种方法将超像素（节点）内的像素描述为相同的特征，因此仅在超像素级别上进行图推理可能无法充分捕捉到单个像素的局部空-谱信息。

为克服这一难点，本章提出一种融合 GNN 与 CNN 的方法，分别实现超像素级和像素级的信息提取。同时，通过设计一种端到端的新型网络结构，可以有效整合二者信息。此外，考虑经典的 GNN 模型，如 GCN 在计算更新每个节点的特征表示时，会将目标节点的特征与其邻居节点的特征进行加权求和。在这一过程中，目标节点的每个邻居节点都被视为等权重的，这会不可避免地导致聚合实际属于不同类别的邻居节点信息，从而损失部分判别性信息。为解决该问题，通常引入注意力机制，自适应地为每个邻居节点分配权重，使更有意义的邻居节点获得更大的权重，从而保留更多的判别性信息[69]。边卷积（edge convolution，EdgeConv）是一种新型的图卷积操作，在点云数据处理任务中已得到广泛应用[146,147]。与 GAT 等注意力模型需要依赖复杂的特征聚合操作不同，EdgeConv 通过计算每个节点与邻域节点之间的向量差来捕捉节点间的关系，可以通过对目标节点特征和邻居节点特征进行逐元素相减这一简单操作来实现。尽管 EdgeConv 主要针对点云数据设计，但是其思路可以用于解决 GCN 中邻居节点信息聚合导致的判别性信息损失问题。与 GCN 相比，EdgeConv 关注目标节点与邻居节点间的关系，而非仅关注邻居节点本身。这意味着，EdgeConv 能够更好地捕捉局部结构特征，从而更有效地保留判别性信息。

本章首先分析超像素分割在 GNN 处理 HSI 数据中的应用价值及存在的问题，提出一种基于超像素分割技术的 GNN 学习模型，将超像素级和像素级的信息提取过程纳入一个统一的框架中，实现端到端的高光谱遥感影像分类。同时，针对高光谱数据的特点，在 GNN 中设计采用 EdgeConv 的信息传播方式，自适应地捕捉节点特征表示的相互关系，从而更有效地表征 HSI 数据的复杂性和多样性。

4.2 高光谱影像数据的超像素分割

超像素分割是计算机视觉领域常用的预处理方法，有助于减少后续任务中需要处理的图像基元数量，在目标检测和图像分割等领域具有重要的应用。超像素分割是将图像中的像素分成具有特定属性的不同簇，同一超像素内的像素在纹理、亮度、颜色或其他特征方面具有相似性[148]。超像素分割的目的是实现每个超像素仅包含一类地物，而且超像素边界的集合应该是地物边界的超集[149]。如图 4.1 所示，超像素分割将像素级别的 HSI 处理转换成相互连接且不重叠的多个具有相似语义特征的区域级别的图像处理，可视为原始图像信息的抽象。相对直接对单像素处理，使用超像素分割进行 HSI 数据预处理有以下优点。

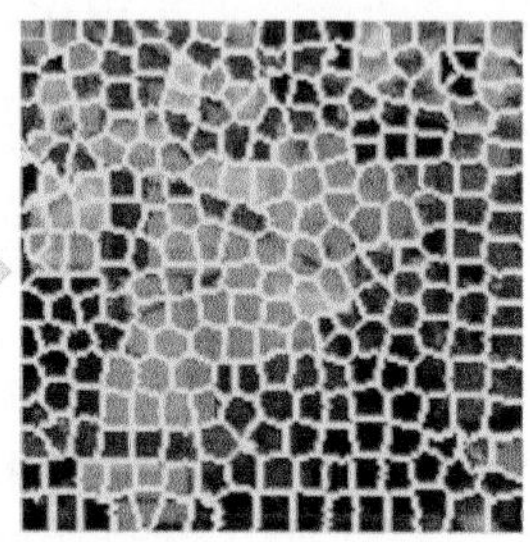

图 4.1 HSI 超像素分割示意图

(1) 空间信息提取。在 HSI 中，空间相邻的像素通常具有相似的光谱特性。超像素分割将具有相似光谱特征的像素聚合成一个更大的区域，从而保留空间结构信息。

(2) 噪声鲁棒性。HSI 在数据采集过程中可能受到各种噪声影响。超像素分割能够在噪声环境下从原始图像中提取有用的低维特征，这是因为超像素分割可以将噪声分布在一个更大的区域内，从而减小其对特征提取的影响。

(3) 伪标签生成。在 HSI 中，获取大量精确标签往往是困难且昂贵的。超像素分割可以利用空-谱相似性为没有标签的像素生成伪标签。因为超像素内的像素点具有很强的空-谱相似性，它们的标签信息大概率一致。这有助于更有效地利用有限的标注信息，提高半监督学习方法的性能。

(4) 低计算复杂度。采用超像素分割后，后续处理任务可以基于这些区域级别的超像素进行，而不是大量独立的像素点。这样可以显著降低计算复杂度和内存需求。此外，处理区域级别的超像素也有助于减少冗余信息，提高计算效率[150]。

(5) 边界信息保持。超像素分割方法可以很好地保留图像的边界或边缘特征，确保空间信息的完整性，这使模型能够更好地理解图像的局部区域特征和结构信息，进而提高学习性能[151]。

由于上述优点，超像素分割在 HSI 数据处理中的应用也更加广泛。现有的超像素分割算法可以大致分为基于图的方法和基于梯度上升的方法。

4.2.1　基于图方法的超像素分割

基于图方法的超像素分割首先将每个像素视为图中的节点，并使用边权重表示相邻节点之间的相似度。相似节点对之间被赋予更高的权重，然后通过在图上定义一个成本函数来创建超像素[152]。典型的基于图的超像素生成方法包括归一化切割[149]、Felzenszwalb 算法[153]、熵率超像素（entropy rate superpixel，ERS）[154]等。归一化切割使用轮廓和纹理递归地分割图像，并最小化在分割边界上定义的全局成本函数。Felzenszwalb 算法将图像视为图数据，并在图上对像素进行聚类，使每个超像素都是像素的最小生成树。ERS 通过迭代优化熵率损失函数，从图像构建图中找到多个不连通的子图。每个子图代表一个超像素。在这些方法中，归一化切割生成尺寸均匀、形状紧凑的超像素，但是计算量大、运行速度慢。Felzenszwalb 算法可以生成非常高效且良好的嵌入表示。然而，Meer 等[149]证明，为了生成平滑的边界，Felzenszwalb 算法往往会牺牲细节，边界召回率不够高。ERS 通常具有高效率和高边界召回率，获得的超像素紧凑且均匀。

ERS 将超像素分割视为一个无向图聚类问题[155]，首先将图像数据映射到图 $\mathcal{G}=(V,E)$ 上，其中 V 表示一组节点，图像中每个像素对应一个顶点，E 表示每个像素及其相邻像素之间边的集合。超像素分割的目标是从图 $\mathcal{G}=(V,E)$ 中找到一些相邻像素之间的边集 E'，其中 $E'\subseteq E$。然后，根据这些边来连接像素点，最终将图像划分成 K 个连通的子图，即为超像素分割的结果。ERS 的目标函数包括两部分，即通过在图上进行 RW 计算的熵率 $H(E')$，以及聚类

分布的平衡项 $B(E')$。在超像素分割过程中，较大的熵率 $H(E')$ 使获得的超像素更紧凑、更均匀，有利于每个超像素中只包含一个地面对象。平衡项 $B(E')$ 控制聚类的大小，避免过度平滑，同时保留地面对象的边界。ERS 的目标函数表示为

$$E'^{*} = \arg\max(H(E') + \alpha B(E')) \quad \text{s.t.} \quad E' \subseteq E \tag{4.1}$$

其中，α 为 $H(E')$ 和 $B(E')$ 之间的平衡参数。

ERS 已经应用于各种 HSI 分类方法中，用于提取空间特征[156]。

4.2.2 基于聚类方法的超像素分割

基于聚类方法的超像素分割方法首先粗略初始化一组聚类点，然后迭代优化聚类以形成超像素，直至达到收敛标准。常见的基于聚类的超像素生成方法包括均值漂移[157]、快速漂移[158]、分水岭[159]和简单线性迭代聚类（simple linear iterative clustering，SLIC）[160]等。均值漂移通过最大化局部密度函数在特征空间中寻找像素之间关系的模式，收敛到相同模式的像素形成一个超像素。分水岭将图像视为地理拓扑结构，图像中的像素值表示海拔。具有较大值的像素连接被视为山脊，由较小值像素形成的区域被视为山谷，封闭的山谷被视为一个超像素。SLIC 将图像映射到新的特征空间，根据距离度量进行聚类，并将不同的聚类视为超像素。均值漂移对局部差异具有鲁棒性，但容易在多个对象之间横跨。分水岭运行速度非常快，根据 Natekar 等[161]的研究，由分水岭生成的超像素经常包含多个对象类别。SLIC 在效率和分割效果方面表现优异，是常用的分割算法之一。在这些方法中，SLIC 算法是最流行的用于高光谱图像处理的超像素算法。接下来简要介绍 SLIC 算法。

在 SLIC 原始形式中，针对传统彩色图像的五维特征空间进行均值聚类。具体而言，给定的图像数据 $I \in \mathbf{R}^{n\times 5}$ 是包含五维特征空间的 n 个像素点，超像素分割的任务是将每个像素点分配给其中一个超像素点，即获得像素点与超像素点的关联矩阵 $\boldsymbol{Q} \in \mathbf{R}^{n\times m}$，其中 m 表示超像素点的个数。SLIC 算法的具体步骤如下。首先，采样初始簇中心（超像素）$\boldsymbol{S}^0 \in \mathbf{R}^{m\times 5}$，这种抽样通常是在像素网格上均匀地进行，并基于图像梯度进行一些局部扰动。在给定这些初始超像素中心后，SLIC 算法开始反复迭代以下两个步骤。

(1) 更新关联矩阵 $\boldsymbol{Q}$，即将每个像素 p 与最近的超像素中心相关联，即

$$Q_p = \mathop{\arg\min}_{i\in\{0,1,\cdots,m-1\}} D\left(I_p, S_i\right) \tag{4.2}$$

其中，D 为距离，$D(a,b)=\|a-b\|^2$。

(2)更新超像素点，对每个超像素簇中所有像素点的特征进行平均，得到新的超像素簇中心。对于第 i 个超像素点，更新后的簇中心可表示为

$$S_i=\frac{1}{Z_i^t}\sum_{p|Q_p=i} I_p \tag{4.3}$$

其中，Z_i^t 为第 i 个超像素簇中包含的像素点个数。

重复以上两个步骤，直到收敛或迭代次数固定。由于距离 D 的计算通常是相当耗时的，该计算通常被限制在每个超像素中心周围的固定邻域内。相较传统彩色图像，用 SLIC 对 HSI 进行超像素分割，只是将处理数据的维度从五维变成更高的维度。

4.3　网络特征提取

超像素级 GNN 能够在图上建模不同地物的空间结构，但是不能为每个像素生成微小的个体特征[142]。CNN 可以在像素级别学习局部光谱-空间特征，但是感受野通常限于小的正方形窗口，因此可能难以捕捉 HSI 的大尺度上下文信息[162]。为了克服这些限制，有必要将 CNN 和 GNN 相结合，构建一个单一融合的网络，其中 GNN 部分对 HSI 的大型不规则区域进行建模，并生成超像素级特征，而 CNN 部分在小的正方形区域上学习像素级特征。这样就能够同时捕捉 HSI 的宏观超像素级特征，以及微观像素级特征，从而实现更准确的地物分类。下面介绍 EdgeConv 图卷积用于提取宏观超像素级特征，以及不同 CNN 卷积运算用于提取微观像素级特征。

4.3.1　EdgeConv 图卷积

将获得的一组超像素点视为图的节点，并通过超像素之间的空间近邻关系建立边连接，从而形成图结构数据。下面介绍 EdgeConv 如何处理图数据。图 4.2(a)显示了一个简单的样例图结构数据，共四个节点组成，其中 v_0 为目标节点，v_1、v_2 和 v_3 为相邻节点。图 4.2(b)和图 4.2(c)分别展示了 GCN 和 EdgeConv 的信息传播过程。与 GCN 直接对邻域特征进行聚合不同，EdgeConv 首先引入边信息，以描述目标节点与其相邻节点之间的关系。接着，通过聚合边信息实现目标节点的信息更新。EdgeConv 的信息传递机制可以表示为

$$\boldsymbol{h}_v^{l+1} = \max\left\{\text{MLP}\left(\text{concat}\left(\boldsymbol{h}_v^l, \boldsymbol{h}_w^l - \boldsymbol{h}_v^l\right)\right) \middle| w \in N(v)\right\} \tag{4.4}$$

其中，$\boldsymbol{h}_w^l$ 与 $\boldsymbol{h}_v^l$ 为第 l 层节点 w 与节点 v 的特征表示；$N(v)$ 为节点 v 的近邻节点集合；EdgeConv 以 $\boldsymbol{h}_w^l - \boldsymbol{h}_v^l$ 和 $\boldsymbol{h}_v^l$ 作为输入，在保证排列不变性的同时充分考虑节点之间的差异，可以有效避免因聚合实际上属于另一类别的邻居节点信息而导致的判别性信息损失。

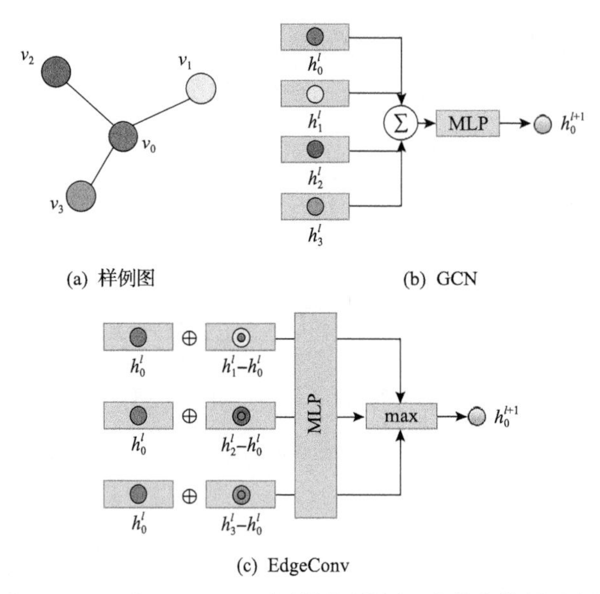

图 4.2　GCN 与 EdgeConv 在样例图数据上的信息传播示意图

4.3.2　卷积神经网络卷积运算

在 HSI 分类任务中，通常使用 CNN 在像素级别学习局部空-谱特征，在这个过程中会使用一些基本的卷积运算，包括 1D 卷积、2D 卷积，以及 3D 卷积。图 4.3 展示了 1D、2D、3D 卷积的工作原理。HSI 数据具有“图谱合一”的特点，尽管 1D 卷积可以提取光谱特征，但是无法利用空间结构信息。因此，研究人员引入 2D CNN，通过在所有特征图的相同区域应用 2D 卷积核来有效提取空间特征。然而，HSI 数据与自然图像不同，具有较高的光谱维度和较低的空间分辨率。基于 2D CNN 的方法通常需要结合 PCA 等降维算法来预处理 HSI 数据，但这可能导致光谱信息丢失和样本间可区分性降低。为解决 2D CNN 在 HSI 处理中的局限性，研究人员提出 3D CNN 模型。3D CNN 在保留 2D CNN 空间特征提取能力的同时，可以减少卷积核的参数规模，直接处理高维数据并避免降维处理。但是，由于 3D 卷积在光谱维度上可能产生大量特征，因此通常在 3D 网络中使用较少的 3D 卷积核可以减少维度灾难，但这又可能导致提取特征的判别能力不足。

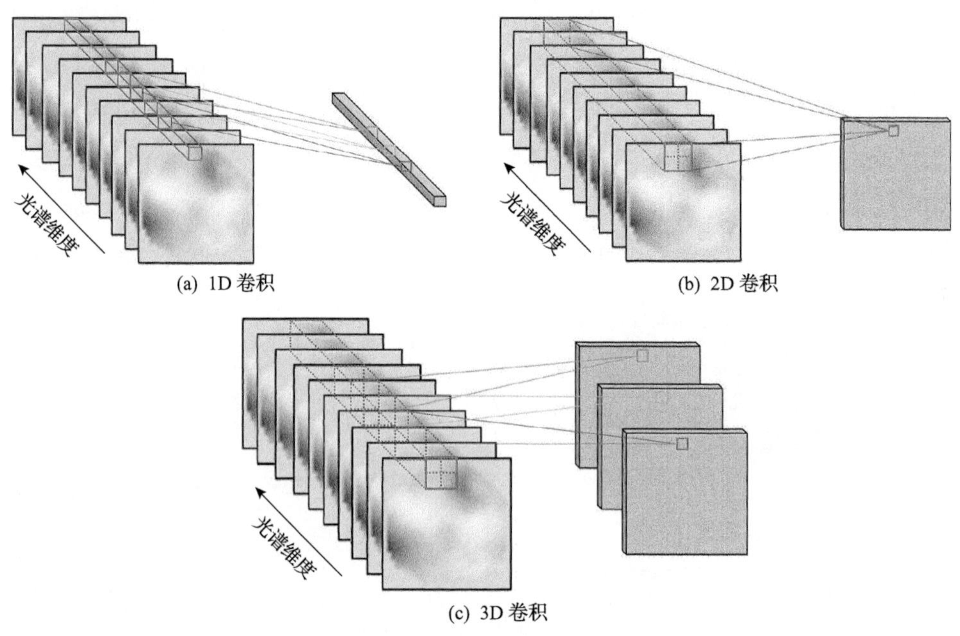

图 4.3　三种 CNN 卷积运算的原理示意图

为了在 2D 卷积和 3D 卷积之间找到平衡，受 Liu 等[84]工作的启发，在提取像素级空-谱特征时，可以将 3D 卷积核拆分为一个 1D 卷积核(用于提取光谱特征)和一个 2D 卷积核(用于提取空间特征)。由于 3D 卷积核的拆分，输出每个特征通道所需的参数数量可以从 $d^2 \times n$ 减少到 d^2+n，其中 d^2 表示卷积核的空间大小，n 表示输入通道的数量。这种设计可以降低模型复杂度，提高模型在 HSI 分类任务中的泛化能力。

4.4　基于超像素分割和边卷积的图神经网络模型

HSI 分类旨在通过给定监督数据集的分类模型预测 HSI 中所有像素的标签。为探究超像素分割及 EdgeCov 在 HSI 分类任务中的应用价值，具体使用 SLIC 进行 HSI 的超像素分割，并提出一种基于边卷积的图神经网络(EdgeConv-based graph neural network，EGNN)用于 HSI 的分类任务。如图 4.4 所示，EGNN 由三个主要模块组成，即图数据生成、超像素级的 EdgeConv 网络，以及像素级的 CNN。为实现这几个模块之间的有效连接，设计图投影和图逆投影操作，分别将数据特征从像素级变换到超像素级，再由超像素级变换到像素级。首先，EGNN 通过 SLIC 对输入的 HSI 进行超像素分割，生成多个图像子区域(超像素)；图投影将每个超像素视为一个图节点，并根据超像素之间的空间近邻关系构建边的连接，从而生成一个无向图 $\mathcal{G}=(V,E)$；之后在超像素级 EdgeConv 网络中，图数据连续通过三个边卷积层，并将其输出拼接起来，形成对特征更丰富的描述和判别；最后通过图逆投影操作将图数据恢复成原空间大小的规则数据，在融合原始的光谱特征后通过两个 CNN 卷积层进一步实现像素级别的精确分类。下面对 EGNN 的这三个模块进行具体介绍。

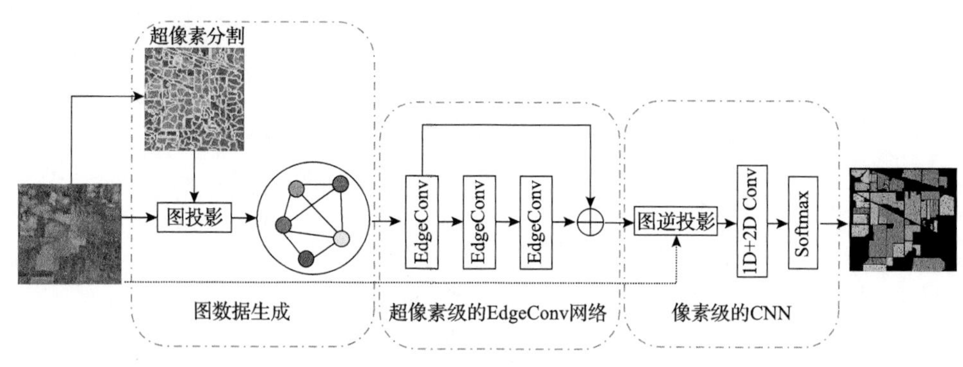

图 4.4　EGNN 结构示意图

4.4.1　图数据生成

图数据的构造是后续使用 GNN 实现各类学习任务的前提，由于 HSI 数据通常较大，如将每一个像素点当成图的一个节点。这将耗费大量的计算资源。为降低计算的复杂度，同时保留 HSI 的局部空间结构信息，首先应用 SLIC 方法，将整个图像划分为许多空间连接的超像素。用 $\boldsymbol{I}\in\mathbf{R}^{H\times W\times B}$ 表示 HSI 数据，其中 H、W、B 分别代表 HSI 数据的高度、宽度、波段数。通过将每个超像素视为一个图节点并建立超像素之间的近邻关系，HSI 被转换为一个无向图 $\mathcal{G}=(V,E)$，这里的顶点集合 V 表示获得的超像素点的集合，可以用特征矩阵 $\boldsymbol{V}\in\mathbf{R}^{N\times B}$ 表示，其中 N 是超像素的数量，$N\ll H\times W$，每个超像素节点的特征用该超像素包含像素的平均光谱特征来替代，E 表示图的边集，即超像素点之间的连接关系，可以用空间邻接矩阵 $\boldsymbol{A}\in\mathbf{R}^{N\times N}$ 表示，定义为

$$\boldsymbol{A}_{i,j}=\begin{cases}1, & S_i\text{与}S_j\text{相邻}\\0, & \text{其他}\end{cases} \tag{4.5}$$

其中，S_i 为第 i 个超像素，由多个同质像素 $\left\{x_1^i,x_2^i,\cdots,x_{n_i}^i\right\}$ 组成；n_i 为 S_i 中包含的像素数。

为建立原像素级别的像元点与超像素点之间的联系，使用图投影和图逆投影操作分别将数据特征从像素级变换到超像素级，再由超像素级变换到像素级。令 $\boldsymbol{Q}\in\mathbf{R}^{HW\times N}$ 表示 SLIC 引入的关联矩阵，其定义为

$$\boldsymbol{Q}_{i,j}=\begin{cases}1, & x_i\in S_i\\0, & \text{其他}\end{cases} \tag{4.6}$$

图投影可以通过矩阵乘法的形式将原像素级的 HSI 数据编码为超像素级的图节点特征，表示为

$$\boldsymbol{V}=\text{Projection}(\boldsymbol{X};\boldsymbol{Q})=\hat{\boldsymbol{Q}}^{\mathrm{T}}\text{Flatten}(\boldsymbol{X}) \tag{4.7}$$

其中，$\hat{\boldsymbol{Q}}$ 为按列归一化的 $\boldsymbol{Q}$，即 $\hat{\boldsymbol{Q}}_{i,j}=\boldsymbol{Q}_{i,j}\Big/\sum_m \boldsymbol{Q}_{m,j}$；Flatten(•) 表示按空间维度对 HSI 数据进行扁平化处理。

至此完成图数据的生成，即获得表示图节点信息的数据矩阵 $\boldsymbol{V}$，以及表示边连接信息的近邻矩阵 $\boldsymbol{A}$，之后的学习过程便是在获得的图数据基础上进行的。

4.4.2　超像素级的 EdgeConv 网络

得到图数据 $\mathcal{G}$，就可以通过在节点之间，以及沿着连接它们的边传递信息进行推理。这里定义边信息为 $e_{i,j}=h_{\Theta}\left(v_i,v_i-v_j\right)$，其中 h_{Θ} 为一多层感知机(multilayer perceptron，MLP)函数：$\mathbf{R}^{2F}\rightarrow\mathbf{R}^{F}$，$v_i$ 为目标节点的特征向量，v_j 为其近邻节点的特征向量。对于整个图数据来说，EdgeConv 操作将形状为 $N\times F$ 的张量 $\boldsymbol{V}$ 作为输入，通过式(4.4)对边信息进行聚合，计算形状为 $N\times F$ 的张量 $\tilde{\boldsymbol{V}}$。如图 4.4 所示，这里采用三个边卷积层，并使用跨层连接叠加所有 EdgeConv 的输出，以聚合具有 $N\times 3F$ 张量形状的多尺度特征。在实验中，每个 EdgeConv 层都使用概率为 0.5 的 Dropout 和 ReLU 激活函数。

假设 EdgeConv 网络由 L 个边卷积层组成，每层通过从上一层获取节点特征表示及其在图中的邻域信息来构建并更新每个节点的特征表示。假设每层节

点的特征向量都是 F 维的，$|\boldsymbol{A}|_0$ 代表邻接矩阵中的非零数量。根据 EdgeConv 的信息传播机制，由于 MLP 与一个投影矩阵相乘，计算每个节点的嵌入表示平均需要 $O\left(2kF^2\right)$，其中 k 为每个节点度的平均值。因此，每个边卷积层的时间复杂度为 $O\left(|\boldsymbol{A}|_0 F^2 + NF^2\right)$。综上所述，对于一个 L 层的 EdgeConv 网络来说，每次迭代的总体时间复杂性为 $O\left(|\boldsymbol{A}|_0 F^2 L + NF^2 L\right)$。考虑 N 和 $|\boldsymbol{A}|_0$（约等于 kN）远远小于 HSI 总体像素的数量 HW，可知在超像素分割的帮助下，计算成本得到显著降低。

4.4.3　像素级的 CNN

通过超像素级的 EdgeCov 网络可以获得超像素节点的特征表示，HSI 分类的目标是要给每个像素分配特定的标签。由于超像素分割降低了空间分辨率，这就需要将特征从基于超像素的节点传播到每一个像素点。这一步骤便是通过图逆投影操作完成的。图逆投影操作需要输入转换后的顶点特征 $\tilde{\boldsymbol{V}}$ 和分配矩阵 $\boldsymbol{Q}$，并产生相应的三维特征图 $\boldsymbol{I}^*$，操作过程可表示为

$$\boldsymbol{I}^* = \text{Reprojection}(\tilde{\boldsymbol{V}},\boldsymbol{Q}) = \text{Reshape}(\boldsymbol{Q}\tilde{\boldsymbol{V}}) \tag{4.8}$$

其中，$\text{Reshape}(\bullet)$ 表示恢复成原始规则化数据的空间尺寸。

为避免 HSI 过度分割或欠分割影响分类结果的准确性，将 $\boldsymbol{I}^*$ 与原始 HSI 数据 $\boldsymbol{I}$ 拼接后送入一个 CNN。不同于传统方法直接采用 3D 卷积核提取 HSI 数据的空-谱信息，这里将 3D 卷积核分解成一个用于提取光谱特征的 1D 卷积核和一个用于提取空间特征的 2D 卷积核，这样可以大大减少参数量并增强对过拟合的鲁棒性。CNN 通过一个 Softmax 层之后，网络输出每个像素对应的语义标签的分类得分，即

$$\boldsymbol{O} = \text{Softmax}\left(\text{CNN}\left(\boldsymbol{I}^* \oplus \boldsymbol{I}\right)\right) \tag{4.9}$$

在目标函数的优化中，将所有标记像素的交叉熵误差作为损失函数，即

$$\mathcal{L} = -\sum_{S \in \boldsymbol{Y}_{\text{labeled}}} \sum_{f=1}^{C} \boldsymbol{Y}_{sf} \ln \boldsymbol{O}_{sf} \tag{4.10}$$

其中，$\boldsymbol{Y}_{\text{labeled}}$ 为标签矩阵；$\boldsymbol{O}_{sf}$ 为第 s 个像素属于第 f 类的概率；C 为分类的类别数量。

基于 EGNN 的 HSI 分类算法如算法 4.1 所示。

算法 4.1：基于 EGNN 的 HSI 分类算法

输入： 原始 HSI 数据 $\boldsymbol{I}$；迭代次数 T；学习率 η

1：　通过 SLIC 超像素分割算法将整幅 HSI 分割成超像素；

2：　通过式(4.5)和式(4.7)分别计算得到近邻矩阵 $\boldsymbol{A}$，以及特征矩阵 $\boldsymbol{V}$；

3：　//训练 EGNN 模型

4：　**for** t=1 to T **do**

5：　　通过三层 EdgeConv 得到超像素级的特征矩阵；

6：　　图逆投影；

7：　　通过像素级的 CNN 获得每个像素的预测标签数据；

8：　　通过式(4.10)计算训练损失，并采用 Adam 梯度下降法更新权重矩阵；

9：　**end**

10：　基于训练好的网络进行标签预测；

输出： 预测像素标签

4.5　实验结果与分析

4.5.1　实验设置

本节通过在三个真实基准数据集上的实验验证 EGNN 在 HSI 分类上的性能。这三个数据集分别是 Indian Pines (IP)、Pavia University (PU) 和 Kennedy Space Center (KSC)。

为全面定量评估不同模型在 HSI 分类任务中的表现，采用四种性能评价指标，包括 PA、OA、AA 和 κ，以评估所有对比方法的性能。对于所选的数据集，在每个类别中随机选择 30 个标记像素样本进行训练；若相应类别的样本数少于 30，则选择 15 个标记样本。此外，学习率和训练周期数分别设定为 0.001 和 2000。所有实验均重复运行 10 次，实验结果取平均值。

实验将 EGNN 与几种常用的 HSI 分类方法进行对比，包括两种传统机器学习方法(SVM 与 MLP)，两种基于 CNN 的方法(3DCNN[163]与多尺度密集网络(multi-scale dense network, MSDN)[153])，以及三种基于 GNN 的方法

(非局部图卷积网络(nonlocal graph convolutional networks, NLGCN)[78]、基于空-谱 GraphSAGE(spectral-spatial GraphSAGE, S^2GraphSAGE)[77]与频谱-空间 GCN(spatial-spectral GCN, S^2GCN[164]))。这些方法的参数设置如下。

SVM 采用线性核函数，其关键参数通过网格搜索方式获得，正则化系数的搜索范围分别为{0.1,1,10,100,1000}。

MLP 采用一个包含 4 个全连接层的分类器，在前三个全连接层之后使用 ReLU 激活函数增强非线性表达能力。同时，为了防止过拟合并提高泛化性能，在分类器中应用 Dropout 技术，其中 Dropout 设置为 0.5。

3DCNN 包含两个 3D 卷积层和一个全连接层。每个卷积层后跟一个 ReLU 激活层，两个卷积层分别由 16 个 3×3×7 大小和 32 个 3×3×3 大小的卷积核组成。

MSDN 是用于 HSI 分类的多尺度密集网络，从原始 HSI 数据中提取大小为 17×17×B 的立方体(B 为 HSI 的光谱维度)作为输入特征，深度方向上三个尺度输出的特征通道分别为 6、12 和 24，其他参数的设置与原文保持一致。

NLGCN 是用于 HSI 数据分类任务的半监督非局部 GNN。该网络使用两个 256 维的可学习嵌入表示的点积相似度将整个 HSI 表示为一个非局部图，并以此通过两个图卷积层得到网络输出，其中每个顶点代表图像中的一个像素。

S^2GraphSAGE 通过图采样和聚合实现图卷积，在构图中考虑像素间的空间距离，以及光谱相似性，设置空域和谱域间的权重参数 w=0.4，信息聚合过程考虑目标节点的二阶近邻，一阶和二阶近邻的节点数量分别设置为 15 和 5。

S^2GCN 是一种空-谱信息联合的 GCN 模型，采用 k 最近邻(近邻数设置为 10)计算光谱特征的邻接矩阵，在图卷积过程中根据节点间的空间距离调整各邻接节点的权重。

在本章的实验部分，传统的机器学习方法，如 SVM 和 MLP，采用经典的 scikit-learn 库进行实现。深度学习方法选择当前广泛应用的深度学习框架 PyTorch。对基于 GNN 的方法，使用专门针对 GNN 的 Pytorch Geometric 库。本章的所有实验代码均以 Python 编程语言为基础，并在一台配备有 3.80GHz i7-10700K CPU、32GB 内存和 RTX 3090 GPU 的 Windows 10 计算机上运行。

4.5.2 分类结果对比分析

如表 4.1～表 4.3 所示，CNN 方法(MSDN、3DCNN)，以及 GNN 方法(S^2GCN、S^2GraphSAGE、NLGCN、EGNN)在 PA、OA、AA 和κ方面的性能明显优于传统机器学习模型(SVM 和 MLP)。这主要归因于它们能够提取分层

特征表示，并充分利用空间信息。基于 GNN 的方法，如 S^{2}GraphSAGE、S^{2}GCN，以及本章提出的 EGNN 方法，在 IP 和 KSC 数据集上较 CNN 模型（MSDN、3DCNN）的表现更为优异。这是因为基于 GNN 的 HSI 分类方法不但能够有效提取 HSI 中的空-谱信息，而且能充分利用高光谱遥感影像中复杂且相关的地物特征，提高分类精度。此外，EGNN 方法明显优于其他三种基于 GNN 的方法（NLGCN、S^{2}GraphSAGE 与 S^{2}GCN）。在三组数据集上与相对次优的方法相比，EGNN 在 IP 数据集上的 OA、AA 和 κ 分别提高 5.77、1.95 和 6.53 个百分点；在 PU 数据集上分别提高 5.57、2.87 和 6.59 个百分点；在 KSC 数据集上分别提高 2.61、3.43 和 2.92 个百分点。这一优越表现的原因有两个方面，一方面，EGNN 通过引入 EdgeConv 自动学习并聚合重要的局部特征，提高了模型的判别能力；另一方面，EGNN 通过超像素和像素级的信息融合，实现了地物类别的精准识别。

表 4.1　不同方法在 IP 数据集上定量实验结果　（单位：%）

项目	SVM	MLP	3DCNN	MSDN	NLGCN	S^{2}GraphSAGE	S^{2}GCN	EGNN
类别 1	93.75	87.50	**100.0**	96.77	**100.0**	**100.0**	**100.0**	93.75
类别 2	66.17	58.94	79.54	**82.68**	75.39	74.11	74.95	82.11
类别 3	64.88	63.88	69.63	59.87	76.88	80.38	84.78	**93.00**
类别 4	82.61	86.96	96.14	93.79	94.20	98.55	93.07	**97.10**
类别 5	86.98	84.11	90.29	89.83	91.83	95.58	93.53	**97.79**
类别 6	88.14	87.14	85.87	94.93	90.57	99.43	96.26	**98.71**
类别 7	**100.0**	92.31	**100.0**	**100.0**	**100.0**	**100.0**	**100.0**	**100.0**
类别 8	92.19	92.19	95.98	99.04	**100.0**	**100.0**	99.55	**100.0**
类别 9	**100.0**	**100.0**	**100.0**	**100.0**	**100.0**	80.00	**100.0**	**100.0**
类别 10	70.49	70.49	82.91	81.47	92.78	83.86	93.81	**96.07**
类别 11	54.27	57.77	65.20	76.33	73.81	78.80	79.71	**91.55**
类别 12	56.84	60.57	77.62	86.30	83.84	75.84	**93.73**	82.42
类别 13	96.57	96.57	99.43	**100.0**	99.43	**100.0**	98.82	**100.0**
类别 14	81.13	83.00	90.61	93.20	91.50	93.60	95.12	**99.91**
类别 15	63.76	71.07	74.72	81.90	88.48	98.03	87.46	**100.0**
类别 16	98.41	**100.0**	98.41	**100.0**	**100.0**	**100.0**	**100.0**	**100.0**
OA	69.72	70.07	79.19	83.14	83.83	85.36	87.35	**93.12**
AA	81.01	80.78	87.88	89.76	91.17	91.13	93.17	**95.78**
κ	66.00	66.31	76.55	80.73	81.70	83.35	85.61	**92.14**

表 4.2　不同方法在 PU 数据集上定量实验结果　　(单位：%)

项目	SVM	MLP	3DCNN	MSDN	NLGCN	S^2GraphSAGE	S^2GCN	EGNN
类别 1	69.78	73.63	82.25	91.52	86.81	85.91	87.73	**96.91**
类别 2	73.60	77.98	80.75	85.15	83.22	88.45	88.12	**93.62**
类别 3	83.91	83.95	**94.83**	90.96	91.25	91.59	88.08	87.97
类别 4	86.98	91.76	86.85	**97.62**	96.11	92.02	94.32	94.50
类别 5	99.16	98.63	99.92	**100.0**	99.62	**100.0**	99.77	99.92
类别 6	76.66	82.54	77.04	87.41	86.40	89.79	74.83	**99.96**
类别 7	94.62	91.85	90.23	94.05	96.69	99.23	93.30	**99.92**
类别 8	82.04	77.17	85.60	95.09	87.46	86.69	**96.24**	95.37
类别 9	99.67	**100.0**	98.58	98.91	**100.0**	99.89	99.89	98.36
OA	77.54	80.59	83.35	89.39	87.11	89.41	89.74	**95.31**
AA	85.16	86.40	88.45	93.41	91.95	92.62	92.80	**96.28**
κ	71.49	75.25	78.59	86.21	83.35	86.21	87.25	**93.84**

表 4.3　不同方法在 KSC 数据集上定量实验结果　　(单位：%)

项目	SVM	MLP	3DCNN	MSDN	NLGCN	S^2GraphSAGE	S^2GCN	EGNN
类别 1	88.95	88.29	93.57	96.72	97.13	96.79	97.11	**100.0**
类别 2	84.37	82.16	74.65	89.20	90.94	91.92	90.38	**100.0**
类别 3	84.91	84.07	85.40	96.90	94.65	97.92	95.93	**97.35**
类别 4	54.37	21.22	22.52	54.50	59.46	54.23	66.36	**96.85**
类别 5	64.96	60.99	84.73	84.74	85.65	84.89	**86.51**	80.15
类别 6	58.69	46.93	79.90	79.90	75.58	87.04	88.66	**98.99**
类别 7	91.20	85.60	98.00	94.67	95.20	98.27	**100.0**	**100.0**
类别 8	80.32	80.25	69.58	86.78	93.17	97.33	93.43	**99.00**
类别 9	73.22	90.78	81.63	90.61	96.88	97.14	**100.0**	**100.0**
类别 10	85.00	90.99	94.92	99.47	97.99	96.39	98.10	**100.0**
类别 11	98.53	94.34	99.74	98.46	98.92	**100.00**	99.48	94.60
类别 12	83.00	83.81	82.47	86.68	92.79	95.03	**97.86**	96.19
类别 13	98.48	98.83	**100.0**	99.44	99.79	**100.0**	**100.0**	**100.0**
OA	84.44	84.04	85.87	91.83	93.70	94.70	95.65	**98.26**
AA	80.46	77.56	82.24	89.08	90.63	92.07	93.37	**97.16**
κ	82.62	82.17	84.22	90.87	92.95	94.08	95.13	**98.05**

如图 4.5～图 4.7 所示，从视觉效果上看，这些对比方法得到的地物分类图与表格中的数据结果保持一致。仅依赖光谱信息的分类器(SVM 和 MLP)可能导致较大的椒盐噪声。尽管光谱-空间分类网络(MSDN 和 3DCNN)解决了这一问题，但是它们的分类图呈现出过度平滑的现象。相反，基于 GNN 的方法不仅可以消除分类图中的噪声散点，还能保留边缘信息。本章提出的 EGNN 具有最高的分类精度，而且分类图像中由误分类引起的噪声最小。从结果来看，通过融合超像素级的图数据特征，以及像素级 CNN 特征，EGNN 明显优于仅依赖 GNN 或者 CNN 的 HSI 分类方法。

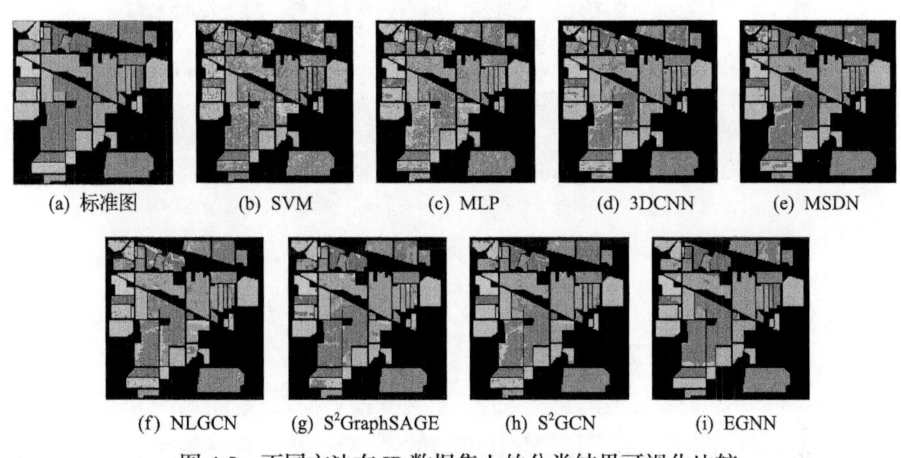

(a) 标准图　(b) SVM　(c) MLP　(d) 3DCNN　(e) MSDN

(f) NLGCN　(g) S^2GraphSAGE　(h) S^2GCN　(i) EGNN

图 4.5　不同方法在 IP 数据集上的分类结果可视化比较

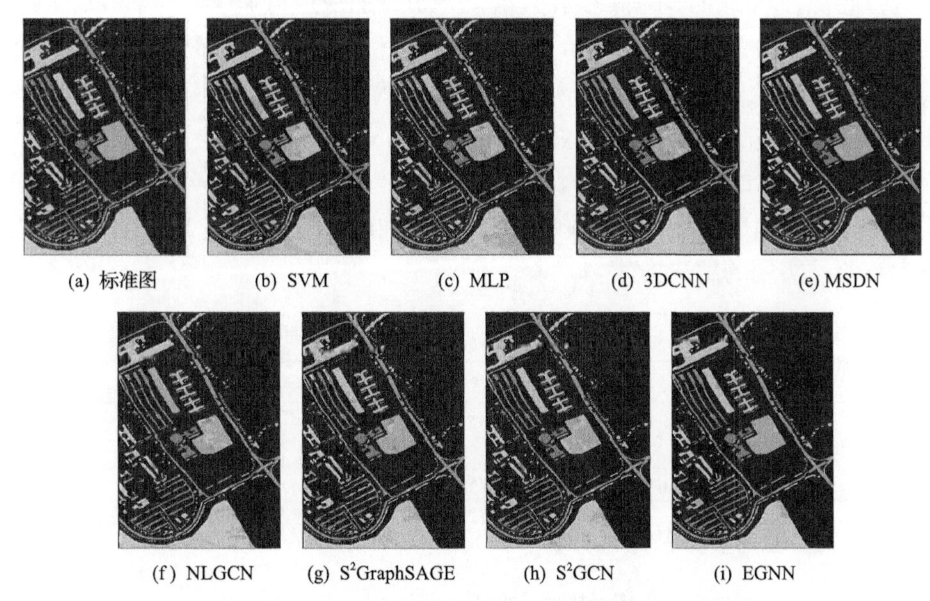

(a) 标准图　(b) SVM　(c) MLP　(d) 3DCNN　(e) MSDN

(f) NLGCN　(g) S^2GraphSAGE　(h) S^2GCN　(i) EGNN

图 4.6　不同方法在 PU 数据集上的分类结果可视化比较

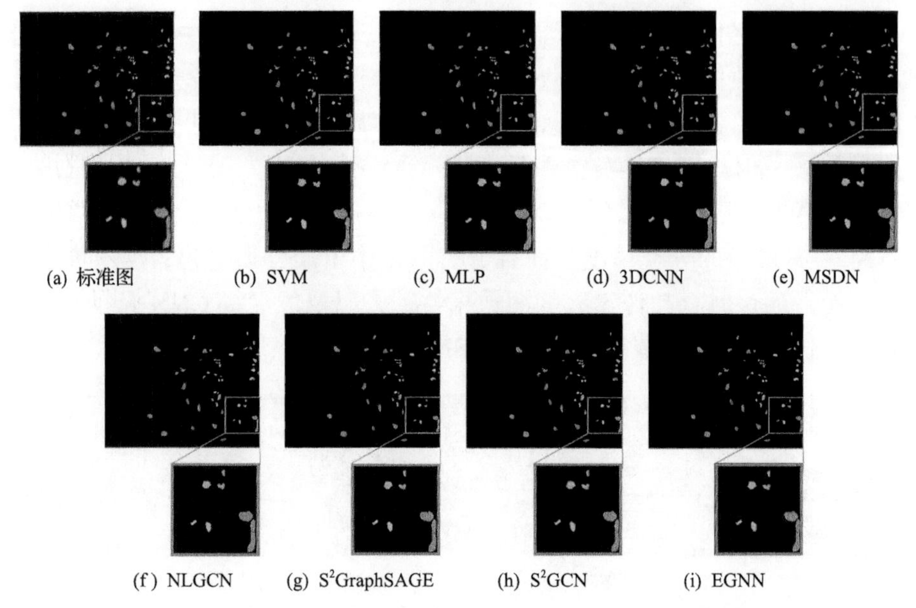

图 4.7 不同方法在 KSC 数据集上的分类结果可视化比较

为了研究 EGNN 的训练效率，将其与其他深度学习方法进行比较，记录它们在三组数据集上的训练时间。实验结果记录在表 4.4 中。可以看出，基于 CNN 的方法需要消耗大量的计算时间，这主要归因于它们需要训练大量的参数。与之相比，GNN 方法通过利用构建的图结构数据对目标节点及其邻居节点进行卷积，从而显著降低参数数量，并明显加快运行速度。尽管 EGNN 通过利用超像素分割降低图数据的规模，但由于整合了像素级 CNN 提取的特征，其运行时间相较 NLGCN 和 GSAGE 略长。然而，由于 EGNN 仅采用 1D 和 2D 卷积，其计算时间消耗仍远低于一般的 CNN 方法。综合考虑训练效率和分类结果，提出的 EGNN 方法表现出最优性能。在保证较高分类精度的同时，其运行时间相对较短，可以兼顾训练效率与性能表现。这为 HSI 分类提供了一个有效且实用的解决方案。

表 4.4 不同方法在三组数据集上的训练时间对比 （时间：s）

数据集	3DCNN	MSDN	NLGCN	S^2GraphSAGE	S^2GCN	EGNN
IP	248	1245	48.2	43.4	105	56.3
PU	456	1875	59.5	49.8	247	183
KSC	589	2122	75.8	63.4	387	282

4.5.3 消融实验与参数敏感性分析

为了评估各个模块在模型中的作用，下面对 EGNN 方法进行消融实验。

实验采用 OA 记录实验结果。如表 4.5 所示，ERS 与 SLIC 分别表示两种 HSI 数据超像素分割方法，GCN 与 EdgeConv 分别表示两种超像素级的图卷积操作方法，CNN 表示像素级的 CNN(√表示包含此模块，×表示不包含此模块)。从前四行的实验结果可以看出，相比 GCN，EdgeConv 始终可以得到更好的分类结果，这表明采用 EdgeConv 可以有效提高学习性能。同时，第一行和第三行的实验均只利用超像素级的特征进行分类，相较其他融合 CNN 网络进行像素级特征提取的模型，它们的分类效果较差，表明像素级与超像素级特征融合可以有效提高分类精度。最后两行的实验分别采用不同的超像素分割方法，得到的分类结果基本一致，表明不同超像素分割方法对最终分类结果的影响较小。

表 4.5　EGNN 在三个数据集上的消融实验结果　（单位：%）

方法					数据集		
ERS	SLIC	GCN	EdgeConv	CNN	IP	PU	KSC
×	√	√	×	×	86.62	88.18	93.89
×	√	√	×	√	90.25	91.39	96.85
×	√	×	√	×	87.05	89.39	94.73
×	√	×	√	√	93.12	95.31	98.61
√	×	×	√	√	92.74	95.38	98.19

在许多情况下，获取 HSI 的标签成本很高，HSI 中的标记像素通常较少。因此，评估 HSI 分类模型在小样本学习环境下的性能至关重要。为此进一步进行实验，以评估对比方法在不同数量标记样本下的分类精度。对于每个数据集，从各类中分别选取 5～30 个间隔为 5 个带标记的样本点进行模型的训练与测试，并记录所有对比方法在三组数据集上得到的分类结果(OA)。如图 4.8 所示，随

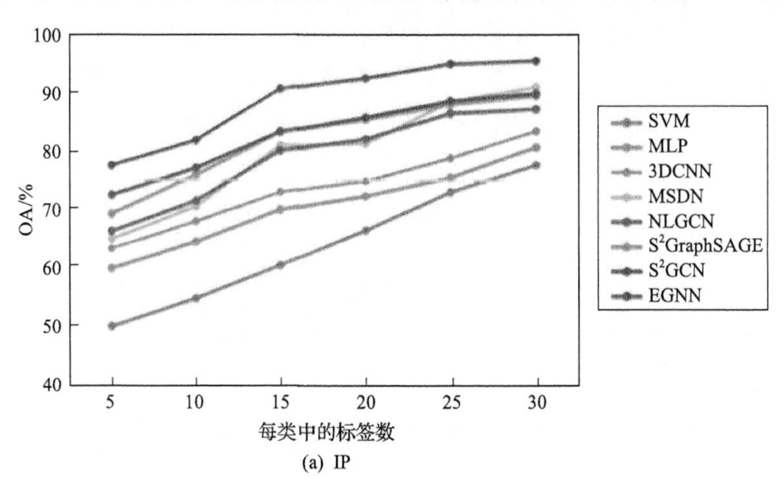

(a) IP

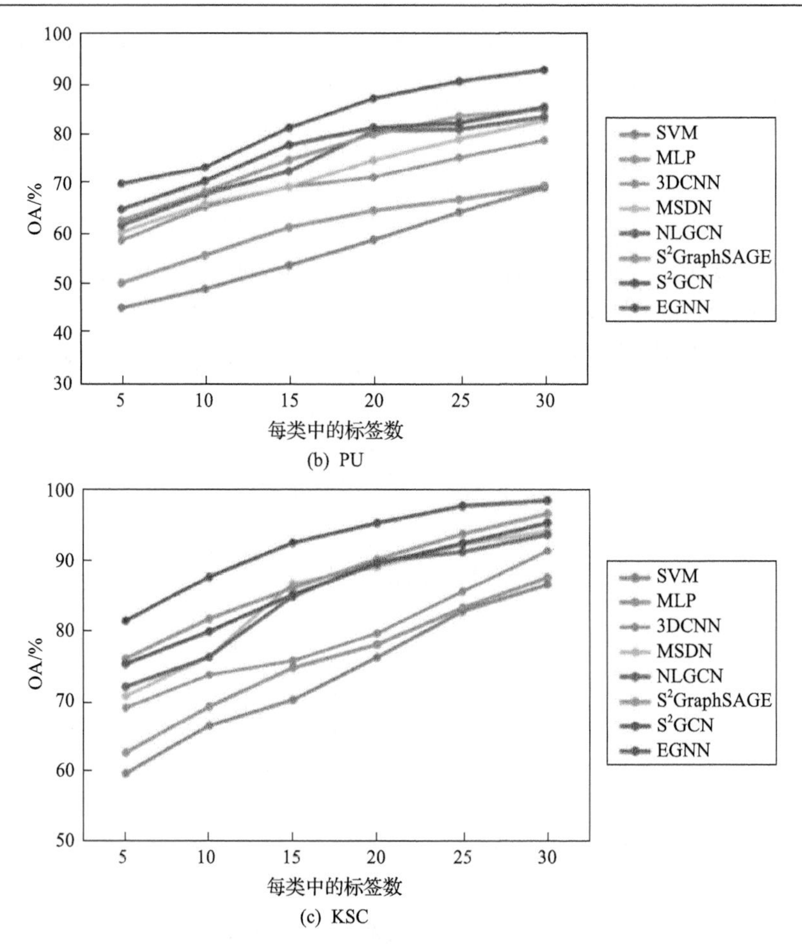

(b) PU

(c) KSC

图 4.8　有限训练样本下各分类方法在三组数据集上分类结果

着标记样本数量的增加，所有方法的分类效果都得到提高。其中，EGNN 方法的性能始终优于其他方法。值得注意的是，EGNN 在每类仅有 20 个标记样本的情况下仍能取得较好的分类结果。实验结果表明，EGNN 对有限样本训练集具有良好的适应性，即使在小样本学习环境下，其性能仍然优越。

4.6　本 章 小 结

本章针对超像素分割在 GNN 处理 HSI 数据中存在的问题，提出一种基于超像素分割技术的 ECNN 模型。主要的工作和结论如下。

(1) 提出一种创新性的端到端网络架构，将 GNN 与 CNN 相结合，将超像素级和像素级的信息提取过程融合到一个统一的框架中。这种架构在保留

HSI 数据分辨率和清晰边界信息的同时，充分利用高光谱数据的空-谱信息和拓扑结构。

(2) 通过图投影和图逆投影操作实现规则化图像数据与图结构数据之间的相互转换，以便在网络中进行特征提取和信息传递。此外，这种转换方法可以为 HSI 数据提供一种更灵活的表示形式，进一步提高模型的泛化能力。

(3) 采用一种多层的 GCN 结构，利用 EdgeConv 进行信息传播，能够自适应地捕捉节点特征表示的相互关系，并充分利用图上的判别特征。这使提出的模型在 HSI 分类任务中表现出优于传统 GCN 的学习性能。

(4) 实验结果表明，提出的 EGNN 方法在 OA、AA 和 κ 等分类指标上明显优于其他方法，证明了其在 HSI 分类任务中的有效性和鲁棒性。这种性能优势得益于所提出的方法充分利用了高光谱数据的空-谱信息，以及对超像素和像素级特征的有效融合。

本章模型使用超像素分割后构建的空间近邻图作为网络的输入。考虑由此构建的图结构数据可能存在连接不同类别的边连接，采用 EdgeConv 根据每个节点与邻域节点之间的向量差来聚合不同节点的信息，但是该方法不能从本质上处理这种异质性信息。基于本章提出的基础模型架构，对图结构数据中广泛存在异质性信息的处理是下一步有待研究的问题。

第 5 章 基于全局动态图优化的高光谱影像分类

5.1 引 言

上一章工作将判别性信息损失的归因于图中存在大量的异质性信息，并设计采用一种自适应的传播机制实现同质性和异质性信息的有效融合。异质性信息的存在本质上是构图方式缺陷导致的。在基于 GNN 的 HSI 分类方法中，近邻图的构造可以分为两种，即像素级近邻图[89,165]和超像素级近邻图[162,166]。像素级近邻图是基于原始光谱特征和空间拓扑关系建立的图结构。这种图可以直接在局部或远距离区域之间传播信息。然而，每个像素被视为图中的一个节点会导致大量的计算，限制其适用范围。超像素级近邻图是通过超像素分割算法(如SLIC)完成的，将空间纹理信息整合到图数据的构建中。这种图结构中的节点较少，计算消耗较小。然而，以上两种构图方式生成的拓扑结构是固定的，在整个训练过程中，每次迭代只更新节点的特征，图的邻接关系保持不变。由于 HSI 复杂的数据特性及空间拓扑结构，这两种方式都无法充分学习到不同地物之间的复杂连接关系，造成图中大量异质性信息的存在。

近期的一些研究[100]表明，与固定图结构的 GNN 相比，动态 GCN 能够捕捉到图中节点间更丰富和复杂的关系。受此启发，本章从动态图结构优化的角度解决 HSI 传统构图方式存在的问题。在构建初始图的基础上，训练过程通过不断地更新和调整节点间的连接关系来改变图结构。然而，传统的图结构优化在处理图结构数据时，通常只能在输入几何范围内学习和更新拓扑信息。为获取远距离的语义信息，通常需要堆叠多个卷积层，但这又可能带来过平滑等潜在问题。由于这种限制，现有的动态图结构优化方法可能无法充分利用图中远距离节点之间的关联信息，从而影响其在图结构数据上的学习性能。

为解决上述问题，本章首先将 HSI 的局部空间和全局光谱信息有效地编码到构建的图结构数据中，构建一个具有全局感受野的全连接图。在 GNN 每一层的图结构优化过程中，使用图稀疏化(graph sparsification, GS)操作去除潜在的与任务无关的边连接。优化后的图结构可避免潜在的误导性信息传播。同时，针对 HSI 数据高类内变异性的特点，利用少量已标记的样本增强类内节点之间的边连接强度。在整个模型的优化过程中，通过端到端的方式动态调整所有超像素块之间的内在关系，使该模型可以根据训练数据的分布及标签学到适合分类的图结构。

5.2　动态图结构稀疏

研究表明[167]，通过增加全局拓扑连接，可进一步增强 GNN 的表示能力。不同于过去仅建立相邻超像素之间的连接关系，通过构建全连接图建立所有超像素之间的连接关系。这样得到的图结构数据既关注目标节点的局部邻居信息，也考虑全局信息。然而，这种类型的图数据除了需要消耗大量的计算资源，同时也引入大量的噪声和冗余信息。图稀疏化是一种将大型图数据中大部分的边连接缩减为较小规模子图的技术，可以减少计算和存储的复杂性。这里使用图稀疏化自动保留仅与下游任务相关的边连接，提高 GNN 的鲁棒性和泛化性能，同时避免过拟合。

在 GNN 中，有些节点之间的边可能与目标任务无关，而这些边会影响目标节点的信息聚合，以及 GNN 的学习性能。如图 5.1(a)所示，深色节点和浅色节点分别属于两类节点，它们的二维特征分别服从两个独立的高斯分布。两类数据分布的重叠使得仅通过节点特征很难找到一个好的边界将节点分开。为此，这里引入图结构信息，通过对每个节点随机选择 10 个节点作为它的一阶近邻，形成一个图数据，在这样的图中两个不同类别的节点之间亦可能存在边连接。在此图上训练一个两层的 GCN 模型，输出的节点表示如图 5.1(b)所示。可以看出，当任务不相关的边混入邻域聚合时，训练的 GCN 无法学习到更好的表征，很难学习到具有强大泛化能力的分类器。当去除大量与任务无关的边连接后，GNN 可完全将这两类节点分开，结果如图 5.1(c)所示。

在实际应用中，采用稀疏的图结构通常更为理想。通过显式施加稀疏性约束，可以提高学习到的图结构的稀疏性。通常有两种从相似度矩阵获得稀疏邻接矩阵的方法[168]，一种是基于 k 最近邻操作，只保留 k 个最近邻节点的相似性得分；另一种是通过考虑 ε 邻域，将小于非负阈值 ε 的相似性得分设置为零。这两种方法可分别通过下式获得稀疏的邻接矩阵，即

$$\boldsymbol{A}_{i,:} = \text{top}k\left(\boldsymbol{S}_{i,:}\right) \tag{5.1}$$

$$\boldsymbol{A}_{ij} = \begin{cases} \boldsymbol{S}_{ij}, & \boldsymbol{S}_{ij} > \varepsilon \\ 0, & \text{其他} \end{cases} \tag{5.2}$$

其中，矩阵 $\boldsymbol{S}$ 为相似度矩阵。

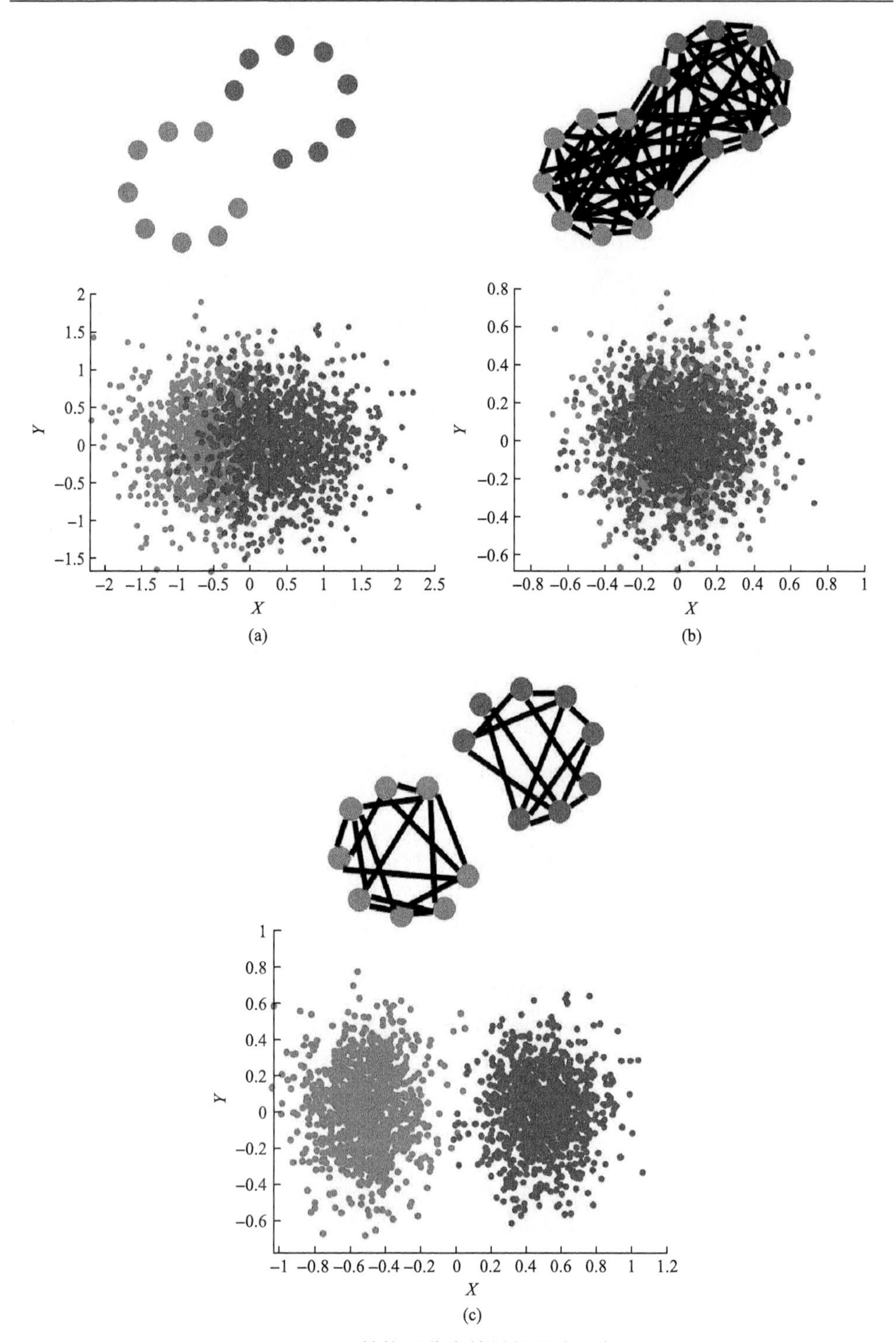

图 5.1　图结构对分类结果的影响示意图

相似度矩阵的计算通常是基于某些只考虑特征相似性的度量学习方法。然而，从单一信息源学习的图结构会不可避免地导致偏差和不确定性，特别是HSI 数据复杂的光谱特性，很难确保得到理想的稀疏图结构。

不同于传统图稀疏方法[169,170]将图稀疏过程与后续的学习任务分开进行，本书研究使用一种动态的稀疏图学习框架，通过来自下游任务的反馈信号，同时学习与任务相关的边和图表示。该框架主要由两部分组成，即图构造和GNN。首先，在图构造阶段，根据输入数据构建全连接图。接着，将稀疏化后的图输入 GNN，以此学习图表示并进行下游任务。在训练阶段，通过优化有利于下游任务的稀疏化策略，实现图的稀疏化，同时将图表示用于进一步更新图数据。通过采用标准的随机梯度下降和反向传播技术，该图稀疏化网络能够同时优化图结构和图表示。图稀疏网络的框架示意图如图 5.2 所示。

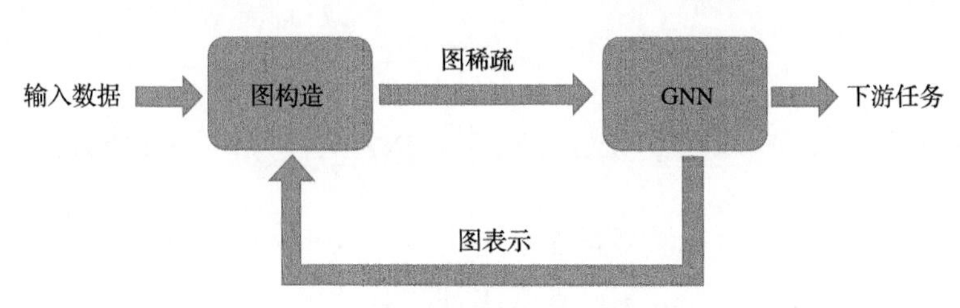

图 5.2　图稀疏网络的框架示意图

5.3　边权重学习

基于 GNN 的 HSI 分类模型本质上属于节点分类任务。理想情况下，同一标签的节点在嵌入空间中应彼此靠近，而不同类别之间则相互远离。图 5.3 所示为边权重学习的示意图，其中包含两类节点和一些未标记的节点，粗线表示

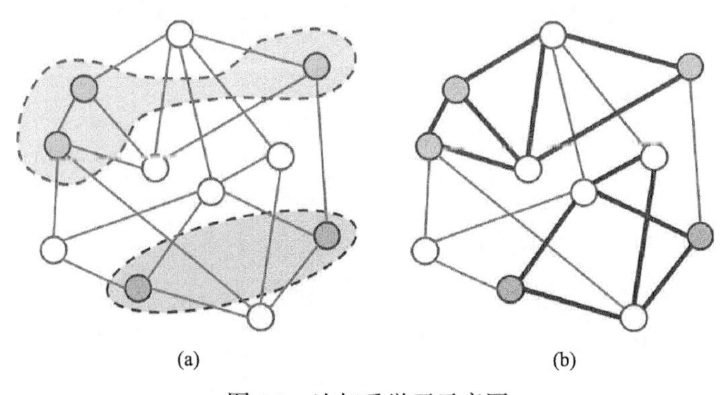

图 5.3　边权重学习示意图

加强的边连接。通过增强同一类节点之间的连接强度，可以提高分类性能。为实现这一目标，可以将边的强度（权重）设置为可训练参数，并通过学习增加每个类别的内部特征影响来实现。除了构建稀疏图，为图中的边连接赋予合适的权重也可以改进 GNN 的性能[171]。为此，本章提出通过标签传播算法（label propagation algorithm, LPA）学习最优的边连接权重。然后，将这些权重应用于 GNN 学习节点表示，从而提高分类准确性。

5.3.1 标签传播算法

LPA 是一种基于图结构数据的信息传播方法。其基本假设是，相邻的节点具有相似的标签，并通过不断迭代传播相邻节点的标签，最终得到每个节点的分类标签。LPA 的迭代过程可表示为

$$\boldsymbol{Y}^{(l+1)} = \boldsymbol{D}^{-1}\boldsymbol{A}\boldsymbol{Y}^{(l-1)} \tag{5.3}$$

其中，$\boldsymbol{Y}^{(l)}$ 为迭代 l 次获得的软标签矩阵；$\boldsymbol{D}$ 为对角矩阵，元素 $d_{ii} = \sum_j a_{ij}$。

注意到，$\boldsymbol{Y}^0$ 是初始标签矩阵 $\boldsymbol{Y}$，它是由 one-hot 编码的指示向量（有标签的节点），以及零向量（无标签的节点）组成的。经过 l 次迭代，未标注节点的预测标签分布可以聚合来自其一阶近邻标注节点的真实标签信息。

5.3.2 边权重学习与 LPA 的关系

在前两章的工作中，近邻矩阵 $\boldsymbol{A}$ 是预先给定的，并在网络优化过程中保持不变。在本书研究中，$\boldsymbol{A}$ 是可学习的。如图 5.3 所示，合适的边权重应该使同一类别的节点之间建立更强的连接，而这种连接关系可以用类内特征影响来表征。考虑图中的两个节点 v_a 和 v_b，v_b 对 v_a 的特征影响表示 v_b 的初始特征略微变化对 v_a 输出特征造成的改变。对于第 i 类样本，其类内特征影响可表示为

$$\sum_{v_a, v_b : y_a = i, y_b = j} I_f\left(v_a, v_b\right) \tag{5.4}$$

因此，可以通过调整边的权重，学习如何增加每个类别的类内特征影响。然而，在实际应用中，无法直接对高维数据进行类内特征影响的计算。为此，本书引入以下两个定理，将对类内特征影响的优化转化为优化 LPA 的分类精度，这样就可以通过最小化 LPA 输出与真实类标之间的交叉熵，为边连接赋

予合适的权重。

定理 5.1　特征影响与标签影响之间的关系。假设 GCN 使用的激活函数是 ReLU，v_a 表示一个未标记的节点，v_b 表示一个标记的节点，β 表示未标记节点的比例。经过 k 次 LPA 迭代后，v_b 对 v_a 的标签影响等价于经过 k 层 GCN 后 v_b 对 v_a 的累积特征影响，即

$$E\left[I_1\left(v_a,v_b;k\right)\right]=\sum_{j=1}^{k}\beta^j I_f\left(v_a,v_b;j\right) \tag{5.5}$$

定理 5.2　标签影响力与 LPA 预测之间的关系。定义节点 v_a 及其标签 y_a，如果节点 v_a 是未被标记的，则所有标记为 y_a 的节点对 v_a 的影响正比于它被 LPA 分类为 y_a 的概率，即

$$\sum_{v_b:y_b=y_a} I_l\left(v_a,v_b;k\right)\propto \Pr\left(\hat{y}_a^{\text{lpa}}=y_a\right) \tag{5.6}$$

其中，$I_l\left(v_a,v_b;k\right)$ 为节点经过 k 层 LPA 后，节点 v_b 对节点 v_a 的标签影响；节点 v_a 被 LPA 分类为 y_a 的概率可以表示为 $\Pr\left(\hat{y}_a^{\text{lpa}}=y_a\right)$，$\hat{y}_a^{\text{lpa}}$ 是使用 k 次迭代的 LPA 对节点 v_a 的预测标签。

定理 5.1 表明，如果 v_b 对 v_a 的标签影响力很大，那么 v_b 的初始特征向量也会在很大程度上影响 v_a 的输出特征向量。因此，可以将对类内特征影响的优化转化为对类内标签影响的优化。定理 5.2 表明，如果边权重 $\left\{a_{ij}\right\}$ 最大化 v_a 被 LPA 正确分类的概率，那么它们也会最大化对 v_a 的类内标签影响，因此可以通过最小化 LPA 预测标签的损失来增强类内标签影响，进而学习到合适的边权重 $\boldsymbol{A}^*$。

5.4　标签传播与图稀疏相结合的高光谱影像分类模型

本章针对 HSI 分类任务提出一种 LPA 增强的图稀疏化网络(LPA enhanced graph sparsification network, LPAGSN)模型。LPAGSN 首先将具有相似特征的相邻像素在图投影后分配给同一个顶点。接着，通过自适应图的构建，得到一个包含局部和全局文本信息的可学习近邻矩阵。在图稀疏采样操作下，图数据去除了大部分与任务无关的边，进而被送入两层 GCN 获取高层次的特征图。此外，LPA 被引入作为正则化，以帮助图神经网络学习合适的边权重。在图

逆投影之后，可以获得相应的粗略分割结果。最后，将该特征图与原始特征进行融合后输入像素级的 CNN 中，得到最终的细化分类结果。LPAGSN 的结构示意图如图 5.4 所示。

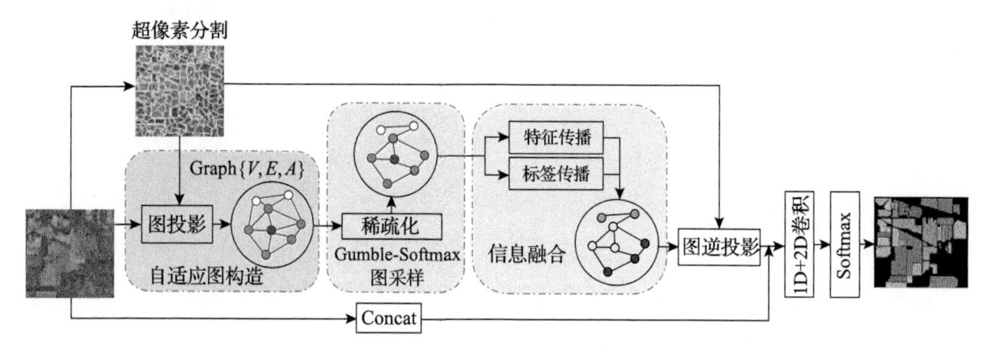

图 5.4　LPAGSN 结构示意图

5.4.1　自适应图结构学习

在基于图方法的应用中，往往没有预先给定可靠的图结构。一种常见的解决方案是通过一些预定义的规则人为地构建一个图。然而，这种图数据对下游任务的影响是未知的，可能导致 GNN 的归纳偏差。一种较为自然的解决方案是将学习最佳图拓扑结构与信息传递过程有机地结合。通过这种方式，可以确保学习到的图结构更加适应下游任务的需求，从而减轻归纳偏差并提高模型的性能。

引入一种新型的全网络点对点消息传递方案。除了预先给定的拓扑结构，通过图结构学习可以得到一个新的图(近邻矩阵 $\boldsymbol{A}$)，用于节点间的信息传递。令 A_{ij} 表示邻接矩阵 $\boldsymbol{A}$ 中第 i 行第 j 列的元素值，即

$$A_{ij} = \boldsymbol{w}^{\mathrm{T}}\left[\boldsymbol{W}^{\mathrm{T}}v_i \middle\| \boldsymbol{W}^{\mathrm{T}}v_j\right] + b_{(v_i,v_j)} \tag{5.7}$$

其中，$\boldsymbol{w}$ 和 $\boldsymbol{W}$ 为权重参数；若第 i 个节点代表的区域和第 j 个节点代表的区域在空间相邻，则 $b_{(v_i,v_j)}=1$，否则 $b_{(v_i,v_j)}=0$。

在前两章的方法中，构造的近邻图是固定不变的，其感受野被限制在邻域空间内。然而，式(5.7)能够提取全局和局部文本信息，同时图结构学习将自动决定模型更多地关注空间上近邻的节点，还是远距离具有相似光谱特征的节点。

5.4.2　Gumble-Softmax 图采样

式(5.7)构建的图是全连接的，在实际应用中计算成本很高，所以本书利用可微的稀疏采样方式来减少计算开销。式(5.7)给出的边权重 A_{ij} 可用来定义潜在边的分布,那么原则上可以对每个节点边连接的概率分布进行多次抽样以获得其邻居节点。然而，抽样过程会引入不连续性，阻碍反向传播，为此这里使用 Gumble-Softmax[172]图采样,其反向传播可以使用重参数化技巧进行求解,其具体操作如下。

(1)前向过程。Gumbel-Softmax 图采样首先采用 Softmax 函数计算对节点边连接抽样的概率，即

$$\pi_{v_i,v_j}=\frac{\exp\left(A_{ij}\right)}{\sum\limits_{w\in N_{v_i}}\exp\left(A_{iw}\right)} \tag{5.8}$$

其中，π_{v_i,v_j} 为节点 v_i 和 v_j 之间产生边连接的概率。

通过 Gumbel-Max 技巧获得离散的采样结果，即

$$x_{v_i,v_j}=\begin{cases}1, & i=\arg\max\left(\log\left(\pi_{v_i,v_j}\right)+\epsilon\right)\\ 0, & \text{其他}\end{cases} \tag{5.9}$$

其中，$\epsilon=-\log(-\log(s))$ 为 Gumbel 噪声，s 从 Uniform(0,1) 中随机采样；x_{v_i,v_j} 为标量，表示是否对节点 v_i 和 v_j 之间的边连接进行采样；对于任意 $v_j\in\mathbb{N}_{v_i}$，$\left\{x_{(v_i,v_j)}\right\}$ 中只有一个元素的值等于 1，而其他元素都为 0，这样就形成一个 one-hot 向量，元素值为 1 的节点间保留边连接。

该过程重复 k 次，最终可以得到稀疏化后的 k 最近邻图。

(2)反向传播。反向传播要求对 π_{v_i,v_j} 进行求导，式(5.9)中的 argmax 操作是不可导的，因此 Gumble-Softmax 使用 Softmax 代替这里的 argmax，可得

$$x_{v_i,v_j}=\frac{\exp\left(\left(\log\left(\pi_{v_i,v_j}\right)+\epsilon_v\right)/\tau\right)}{\sum\limits_{w\in N_{v_i}}\exp\left(\left(\log\left(\pi_{v_i,w}\right)+\epsilon_w\right)/\tau\right)} \tag{5.10}$$

其中，τ为超参数，τ值越小，$\left\{x_{(v_i,v_j)}\right\}$越接近于 one-hot 向量。

式(5.10)可以使用链式法则计算损失函数对分布参数π的梯度，进而更新网络参数来优化损失函数。

5.4.3 信息融合

上一节证明，提高 LPA 预测的准确性等价于增加同一类别节点之间的边权重。因此，可以通过最小化 LPA 的预测损失来学习最优的边权重，然后将更新后的边权重信息应用于 GNN，学习节点表示并进行最终分类。通过最小化 LPA 损失可以得到最优的边权重矩阵$\boldsymbol{A}^*$，即

$$\boldsymbol{A}^* = \arg\min_{\boldsymbol{A}} L_{\text{lpa}}(\boldsymbol{A}) = \arg\min_{\boldsymbol{A}} \frac{1}{m} \sum_{v_a:a\leqslant m} J\left(\hat{y}_a^{\text{lpa}}, y_a\right) \tag{5.11}$$

其中，J为交叉熵损失函数；$\hat{y}_a^{\text{lpa}}$和y_a为使用 LPA 预测的v_a的标签分布和真实的 one-hot 标签；v_a为标记节点；m为标签样本总数。

然后，可以将$\boldsymbol{A}^*$和相应的度矩阵$\boldsymbol{D}^*$应用于 GCN 来预测标签，即

$$\boldsymbol{X}^{(k+1)} = \sigma\left(\boldsymbol{D}^{*-1}\boldsymbol{A}^*\boldsymbol{X}^{(k)}\boldsymbol{W}^{(k)}\right), \quad k = 0,1,\cdots,K-1 \tag{5.12}$$

用$\hat{y}_a^{\text{gcn}}$表示节点v_a通过 GCN 得到的标签分布，即$\boldsymbol{X}^{(k)}$的第a行。通过最小化 GCN 预测标签的损失来学习 GCN 中的最优变换矩阵，即

$$\boldsymbol{W}^* = \arg\min_{\boldsymbol{W}} L_{\text{gcn}}\left(\boldsymbol{W},\boldsymbol{A}^*\right) = \arg\min_{\boldsymbol{W}} \frac{1}{m} \sum_{v_a:a\leqslant m} J\left(\hat{y}_a^{\text{gcn}}, y_a\right) \tag{5.13}$$

在实际应用中，将 GCN 与 LPA 两个步骤合并在一起，以端到端的方式训练整个模型，即

$$\mathcal{L} = \arg\min_{\boldsymbol{W},\boldsymbol{A}} L_{\text{gcn}}(\boldsymbol{W},\boldsymbol{A}) + \lambda L_{\text{lpa}}(\boldsymbol{A}) \tag{5.14}$$

其中，λ为正则化参数；$\lambda L_{\text{lpa}}(\boldsymbol{A})$将 LPA 中预测标签的损失作为 GCN 中学习边权重$\boldsymbol{A}$的正则项，可以避免单独使用 GCN 学习$\boldsymbol{W}$与$\boldsymbol{A}$可能造成的过拟合。

LPAGSN 的实现细节如算法 5.1 所示。

算法 5.1：基于 LPAGSN 的 HSI 分类方法

输入：原始 HSI 数据 $\boldsymbol{I}$，迭代次数 T，学习率 η，正则化参数 λ

1：　通过 SLIC 超像素分割算法将整幅 HSI 分割成超像素；

2：　通过图投影计算得到特征矩阵 $\boldsymbol{V}$；

3：　**//训练 LPAGSN 网络**

4：　**For** $t = 1$ to T do

5：　　通过式(5.7)计算得到相似度矩阵 $\boldsymbol{A}$；

6：　　通过式(5.8)获得任一节点的边采样概率；

7：　　根据式(5.9)生成可微分样本，并保留相应的边连接；

8：　　通过两层的 LPA 和 GCN 提取节点特征；

9：　　图逆投影；

10：　　根据式(5.14)计算训练损失，并使用 Adam 梯度下降法更新权重矩阵；

11：　**end**

输出：测试样本标签

5.5　实验结果与分析

5.5.1　实验设置

为了定量评估不同 HSI 分类方法的性能，采用四种广泛使用的分类指标，包括 OA、PA、AA 和 κ。在所有数据集中，随机选择每个类别中 30 个标记的像素进行训练。如果相应的类别样本少于 30 个，则选择 15 个标记像素进行训练。此外，学习率和训练周期数分别设置为 0.002 和 1000。选择 Nesterov Adam 算法优化网络。正则化参数 λ 和超级像素的数量 N 分别被设定为 1 和 1000。在三个 HSI 数据集上，每个 k 最近邻图的 k 值为 10。实验使用 PyTorch 实现，硬件为 3.80 GHz i7-10700K CPU、32GB 内存和 RTX 3090 GPU。

5.5.2　分类结果对比分析

为了验证本方法的优越性，将提出的 LPAGSN 模型与多个目前广泛使用的 HSI 分类方法进行比较，包括 SVM、MLP、3DCNN[150]、MSDN[153]、

NLGCN[78]、S^2GCN[164]、MSAGE[100]。为了避免随机抽样引起的偏差，对每种方法进行 10 次训练并对结果进行平均。在 IP、PU 和 KSC 三个数据集上，所有对比方法的四种分类指标在表 5.1～表 5.3 中给出，其中最好的结果用粗体标出。结果表明，基于 GNN 的方法，如 S^2GCN、MSAGE、LPAGSN 都优于经典的机器学习和深度学习模型(SVM、MLP、3DCNN)。这是因为 GNN 可以学习不同地表覆盖物之间的关系并对其在图上的空间拓扑结构进行建模。此外，LPAGSN 方法明显优于其他方法。这表明，与基于 GNN 的 HSI 分类方法相比，基于数据驱动的 LPAGSN 可以自动地融合局部空间信息和全局光谱信息，达到更好的分类效果。

表 5.1　不同方法在 IP 数据集上定量实验结果　　（单位：%）

项目	SVM	MLP	3DCNN	MSDN	NLGCN	S^2GCN	MSAGE	LPAGSN
类别 1	93.75	87.50	**100.0**	96.77	**100.0**	**100.0**	**100.0**	**100.0**
类别 2	66.17	58.94	79.54	82.68	75.39	74.95	91.86	**87.08**
类别 3	64.88	63.88	69.63	59.87	76.88	84.78	76.33	**93.85**
类别 4	82.61	86.96	96.14	93.79	94.20	93.07	**100.0**	**100.0**
类别 5	86.98	84.11	90.29	89.83	91.83	93.53	86.91	**95.84**
类别 6	88.14	87.14	85.87	94.93	90.57	96.26	97.39	**99.56**
类别 7	**100.0**	92.31	**100.0**	**100.0**	**100.0**	**100.0**	**100.0**	**100.0**
类别 8	92.19	92.19	95.98	99.04	**100.0**	99.55	**100.0**	**100.0**
类别 9	**100.0**	**100.0**	**100.0**	**100.0**	**100.0**	**100.0**	**100.0**	**100.0**
类别 10	70.49	70.49	82.91	81.47	92.78	93.81	71.78	**92.95**
类别 11	54.27	57.77	65.20	76.33	73.81	79.71	**93.29**	93.22
类别 12	56.84	60.57	77.62	86.30	83.84	93.73	**97.11**	94.66
类别 13	96.57	96.57	99.43	**100.0**	99.43	98.82	**100.0**	**100.0**
类别 14	81.13	83.00	90.61	93.20	91.50	95.12	**100.0**	99.94
类别 15	63.76	71.07	74.72	81.90	88.48	87.46	**99.42**	99.40
类别 16	98.41	**100.0**	98.41	**100.0**	**100.0**	**100.0**	**100.0**	**100.0**
OA	69.72	70.07	79.19	83.14	83.83	87.35	91.52	**94.68**
AA	81.01	80.78	87.88	89.76	91.17	93.17	94.63	**97.28**
κ	66.00	66.31	76.55	80.73	81.70	85.61	90.27	**93.90**

表 5.2　不同方法在 PU 数据集上定量实验结果　（单位：%）

项目	SVM	MLP	3DCNN	MSDN	NLGCN	S^2GCN	MSAGE	LPAGSN
类别 1	69.78	73.63	82.25	91.52	86.81	87.73	90.22	**98.23**
类别 2	73.60	77.98	80.75	85.15	83.22	88.12	**99.66**	97.11
类别 3	83.91	83.95	94.83	90.96	91.25	88.08	94.34	**99.23**
类别 4	86.98	91.76	86.85	**97.62**	96.11	94.32	94.03	90.45
类别 5	99.16	98.63	99.92	**100.0**	99.62	99.77	**100.0**	**100.0**
类别 6	76.66	82.54	77.04	87.41	86.40	74.83	96.39	**100.0**
类别 7	94.62	91.85	90.23	94.05	96.69	93.30	91.18	**100.0**
类别 8	82.04	77.17	85.60	95.09	87.46	96.24	97.55	**98.65**
类别 9	99.67	**100.0**	98.58	98.91	**100.0**	99.89	99.89	93.54
OA	77.54	80.59	83.35	89.39	87.11	89.74	96.72	**97.65**
AA	85.16	86.40	88.45	93.41	91.95	92.80	95.92	**97.61**
κ	71.49	75.25	78.59	86.21	83.35	87.25	95.64	**96.53**

表 5.3　不同方法在 KSC 数据集上定量实验结果　（单位：%）

项目	SVM	MLP	3DCNN	MSDN	NLGCN	S^2GCN	MSAGE	LPAGSN
类别 1	88.95	88.29	93.57	96.72	97.13	96.79	97.11	**100.0**
类别 2	84.37	82.16	74.65	89.20	90.94	91.92	90.38	**100.0**
类别 3	84.91	84.07	85.40	96.90	94.65	**97.92**	95.93	97.35
类别 4	54.37	21.22	22.52	54.50	59.46	54.23	66.36	**96.85**
类别 5	64.96	60.99	84.73	84.74	85.65	**84.89**	86.51	80.15
类别 6	58.69	46.93	79.90	79.90	75.58	87.04	88.66	**98.99**
类别 7	91.20	85.60	98.00	94.67	95.20	98.27	**100.0**	**100.0**
类别 8	80.32	80.25	69.58	86.78	93.17	97.33	93.43	**99.00**
类别 9	73.22	90.78	81.63	90.61	96.88	97.14	**100.0**	**100.0**
类别 10	85.00	90.99	94.92	99.47	97.99	96.39	98.10	**100.0**
类别 11	98.53	94.34	99.74	98.46	98.92	**100.00**	99.48	94.60
类别 12	83.00	83.81	82.47	86.68	92.79	95.03	97.86	**96.19**
类别 13	98.48	98.83	**100.0**	99.44	99.79	**100.0**	**100.0**	**100.0**
OA	84.44	84.04	85.87	91.83	93.70	94.70	95.65	**98.26**
AA	80.46	77.56	82.24	89.08	90.63	92.07	93.37	**97.16**
κ	82.62	82.17	84.22	90.87	92.95	94.08	95.13	**98.05**

为了进行视觉上的主观评估，图 5.5～图 5.7 分别展示了各个 HSI 分类方法在 IP、PU 和 KSC 三个数据集上的地物分类图。其效果与表 5.1～表 5.3 中的各种算法结果一致。可以明显看出，LPAGSN 得到的分类图具有最高的质量，因为它们与地面真值最接近，误分类最少。由于仅利用光谱信息而没有空间特征，SVM、MLP、NLGCN 的分类图中存在许多散乱的椒盐噪声。相反，由光谱-空间分类器得到的分类图更紧凑且平滑。特别地，考虑局部空间

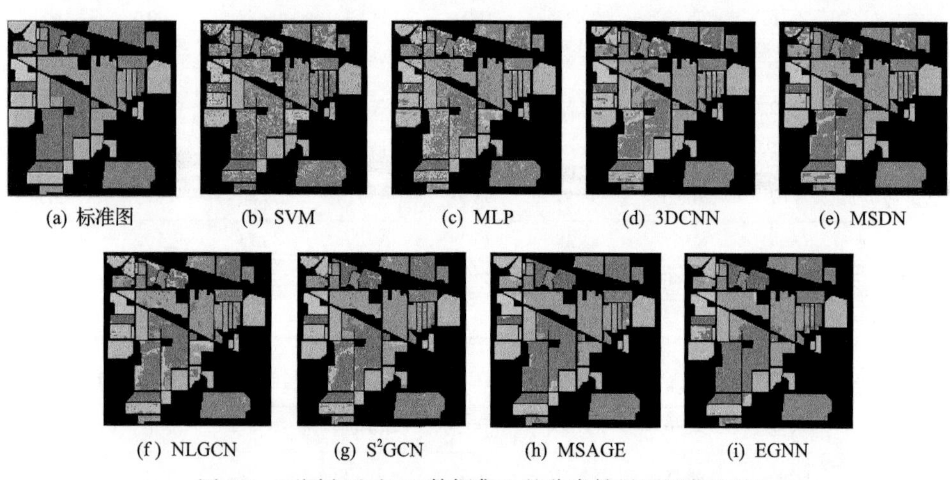

(a) 标准图 (b) SVM (c) MLP (d) 3DCNN (e) MSDN

(f) NLGCN (g) S^{2}GCN (h) MSAGE (i) EGNN

图 5.5 不同方法在 IP 数据集上的分类结果可视化比较

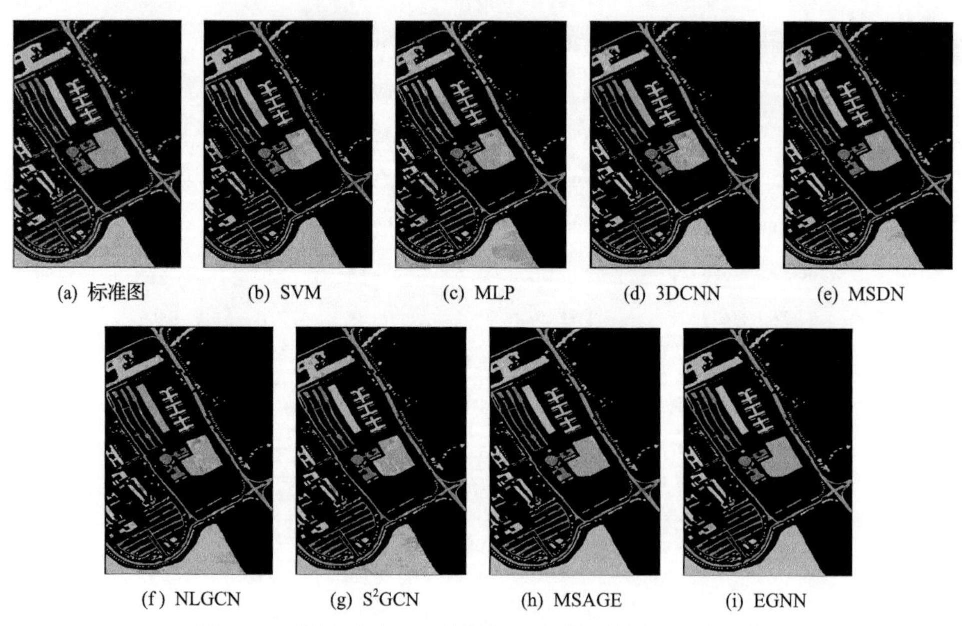

(a) 标准图 (b) SVM (c) MLP (d) 3DCNN (e) MSDN

(f) NLGCN (g) S^{2}GCN (h) MSAGE (i) EGNN

图 5.6 不同方法在 PU 数据集上的分类结果可视化比较

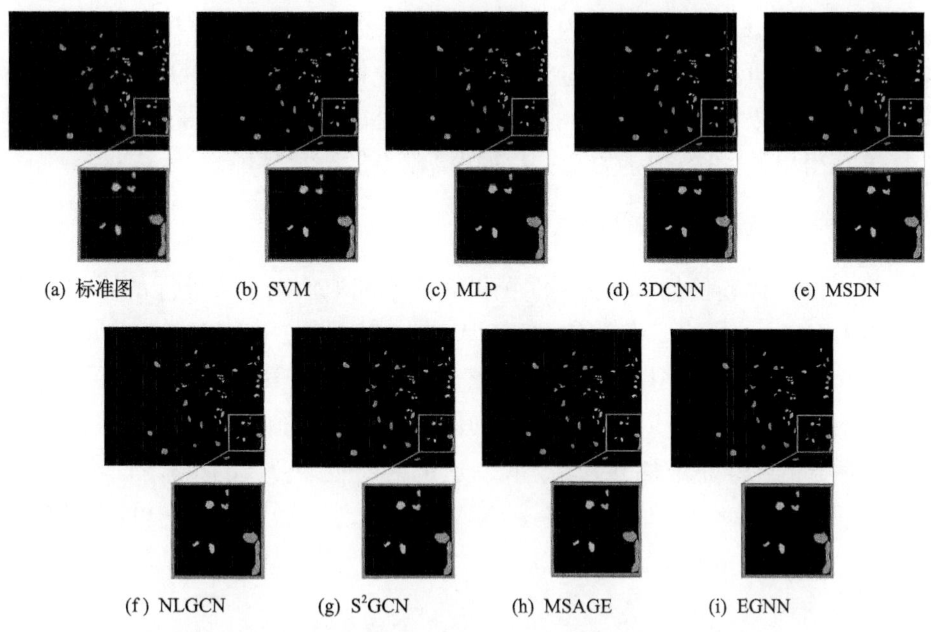

图 5.7　不同方法在 KSC 数据集上的分类结果可视化比较

信息和全局光谱信息，LPAGSN 方法可以获得边缘更清晰的分类结果。这意味着，提出的方法可以精确提取判别特征，帮助识别具有相似特性的不同地物。

5.5.3　消融实验与参数敏感性分析

为了评估 LPAGSN 方法中自适应图结构和图稀疏化操作对分类结果的影响，首先进行消融实验。实验分别采用三个不同的数据集，并使用 OA 记录实验结果。其中，AAG_1 表示使用式(5.7)进行图构建的方式，AAG_2 表示在图学习构造过程中不考虑空间近邻关系，即 $b(v_i, v_j)$ 始终设置为 0。如表 5.4 所示，仅利用光谱特征学习得到的图结构数据和同时利用光谱信息和局部空间信息学习得到的图结构数据之间的分类效果有明显的差异(√表示包含，×表示不包

表 5.4　LPAGSN 在三个数据集上的消融实验结果　（单位：%）

方法			数据集		
AAG_1	AAG_2	GS	IP	PU	KSC
×	√	×	84.25	86.39	90.10
×	√	√	91.30	94.83	96.69
√	×	×	88.54	91.39	92.73
√	×	√	**94.68**	**97.65**	**99.53**

含)。这是因为 HSI 固有的类内差异和类间相似性，使利用光谱特征得到的图结构数据并不可靠。此外，通过采用图稀疏化操作，在相同的图构建方式下，网络的分类效果可以得到明显的提高。这表明，对于全连接图，采用稀疏化操作能够获得更好的图结构数据，从而提高模型的分类性能。

1. 参数 λ 对分类结果的影响

为了说明标签传播的有效性，测试 λ 的不同取值对分类性能的影响。参数 λ 代表 LPA 损失项的训练权重，$\lambda=0$ 表示训练时不使用 LPA 的损失项。在 IP 和 PU 两个数据集上的结果如图 5.8 所示，其中 λ 的取值范围为 $\{0,1,2,5,10,20,50\}$。可以看到，当 λ 的值增加时，性能得到提升，当达到一定的阈值后，精度停止增加并开始下降。这是因为一个合适的 λ 有助于学习适当的边缘权重，而一个大的 λ 将取代 GCN 的主导地位，导致学习性能下降。

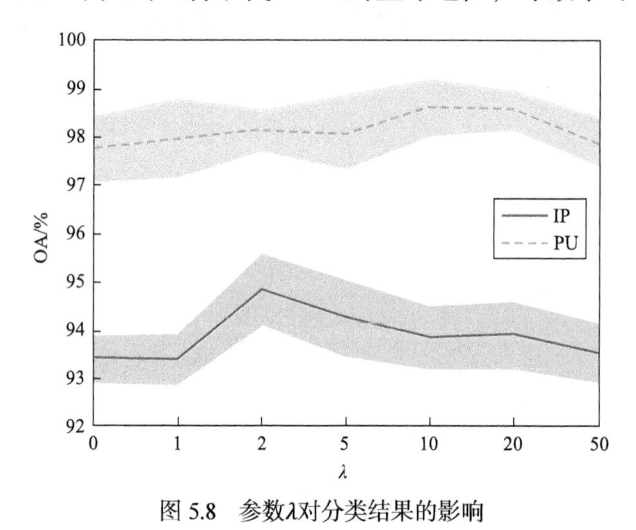

图 5.8 参数 λ 对分类结果的影响

2. 图规模对分类结果的影响

这里讨论影响图规模的两个参数，超像素数量 N 和邻居数量 k，N 和 k 分别决定节点的大小和图的稀疏程度。通过两组数据集(IP 和 PU)上关于 OA 的分类实验结果分析它们对算法性能的影响。实验结果如图 5.9 所示，其中 N 与 k 的取值范围分别为 $\{200,500,1000,1500,2000\}$ 与 $\{2,5,10,15,20\}$。实验结果表明，算法对 k 变化的影响相对较稳定，对 N 的变化比较敏感，当 N 增加时，整体分类精度得到提高，但在一定阈值之后，精度会开始下降。N 的增加会导致图中节点的数量增加，从而提高算法处理细节信息的能力，但是同时也可能失去部分局部空间信息。

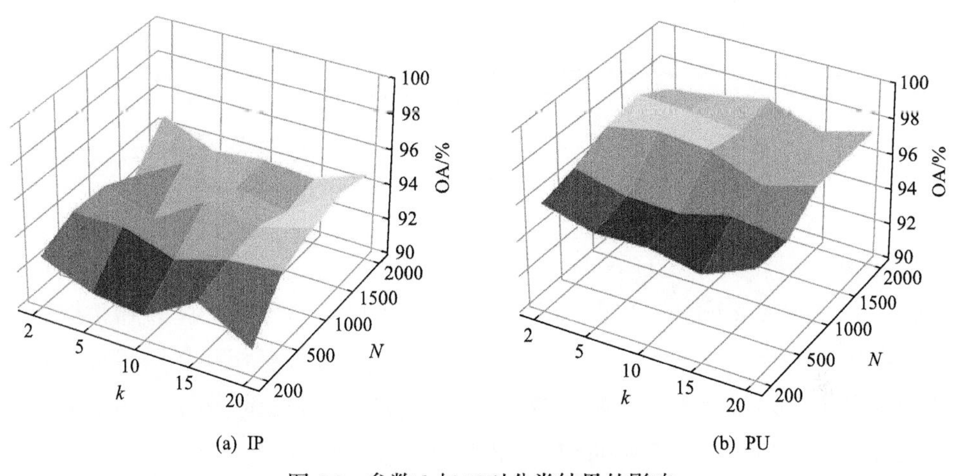

图 5.9　参数 k 与 N 对分类结果的影响

5.6　本章小结

由于 HSI 具有复杂的三维结构数据特性，直接定义一个合适的图结构变得非常困难。针对传统超像素构图方式构图质量不高，以及无法进行远距离文本信息提取的问题，本章提出 LPAGSN 用于 HSI 分类。主要的工作和结论如下。

(1) 设计了一种新型的动态构图方法。在初始构图过程中，该方法保留了 HSI 数据的局部空间结构，以及全局谱信息。在模型的优化过程中，通过端到端的方式动态调整所有超像素块之间的内在关系，使该模型可以根据训练数据的分布和标签学习到适宜于分类的图结构。

(2) 在 GNN 的每一层图结构优化过程中，使用可微图稀疏化操作去除潜在的与任务无关的边连接。优化后的图结构可避免潜在的误导性信息传播，有利于后续的分类任务。

(3) 针对 HSI 数据高类内变异的特点，从增强类内特征影响的角度利用少量已标记的样本增强类内节点之间的边连接强度。这有助于提高模型对类内变异的鲁棒性，从而提高分类准确性。

(4) LPAGSN 使用图稀疏采样和标签传播保留有效的边连接并赋予适当的权重，增强图结构数据的表示能力。实验结果显示，在多种分类指标上，LPAGSN 明显优于同类方法，证明该方法在 HSI 分类任务中的有效性和优越性。

第 6 章　基于图变换器的高光谱影像分类

6.1　引　　言

目前，变换器和 GCN 在 HSI 分类方面都取得可喜的进展。基于变换器的方法具有对影像光谱和空间信息之间的非局部特征进行特征提取和建模的能力，而基于 GCN 独特的聚合机制，使其在提取邻域顶点相互作用特征关系方面表现出色。如何利用两者之间的优势，综合提取 HSI 的全局和局部空-谱特征进行影像分类是一个值得研究的问题。

本章研究如何综合利用变换器和 GCN 的优势，将这两种结构结合到一个统一的变换器(GraphFormer)中，为 HSI 分类建立全局和局部特征交互模型，并提出空间光谱特征增强的 GraphFormer 框架(S^2GFormer)。首先，提出一种跟随像素块机制，将 HSI 中的像素转换为像素块，同时保留局部空间特征并降低计算成本；其次，设计一种像素块谱嵌入模块提取像素块的谱特征，开发邻域卷积提取 HSI 中的综合谱信息；最后，提出一个多层 GraphFormer，从像素块中提取具有代表性的空-谱特征，用于 HSI 分类。在本章所提的网络中，三个模块被联合集成到一个统一的端到端网络中，各模块相互作用，可以提高 HSI 分类精度。

6.2　视觉变换器

变换器体系结构包含一系列变换器层。每个变换器层由一个自注意模块(图 6.1) 和一个位置前馈网络组成。给定一个自注意模输入 $\boldsymbol{H}=\left[\boldsymbol{h}_1^{\mathrm{T}},\boldsymbol{h}_2^{\mathrm{T}},\cdots,\boldsymbol{h}_n^{\mathrm{T}}\right]^{\mathrm{T}}\in\mathbf{R}^{n\times d}$，其中 d 和 $h_i\in\mathbf{R}^{1\times d}$ 分别表示位置 i 处的隐藏维度和隐藏表示。通过共享权重 $\boldsymbol{W}_Q\in\mathbf{R}^{d\times d_k}$、$\boldsymbol{W}_K\in\mathbf{R}^{d\times d_k}$ 和 $\boldsymbol{W}_V\in\mathbf{R}^{d\times d_v}$，将输入 $\boldsymbol{H}$ 映射为三个矩阵 $\boldsymbol{Q}$ (Query)、$\boldsymbol{K}$ (Key)和 $\boldsymbol{V}$ (Value)。然后，形成 SA 层，即

$$\boldsymbol{Q}=\boldsymbol{H}\boldsymbol{W}_Q,\quad \boldsymbol{K}=\boldsymbol{H}\boldsymbol{W}_K,\quad \boldsymbol{V}=\boldsymbol{H}\boldsymbol{W}_V \tag{6.1}$$

$$A = \frac{\boldsymbol{Q}\boldsymbol{K}^{\mathrm{T}}}{\sqrt{d_k}}, \quad \mathrm{Attn}(\boldsymbol{H}) = \mathrm{Softmax}(A)\boldsymbol{V} \tag{6.2}$$

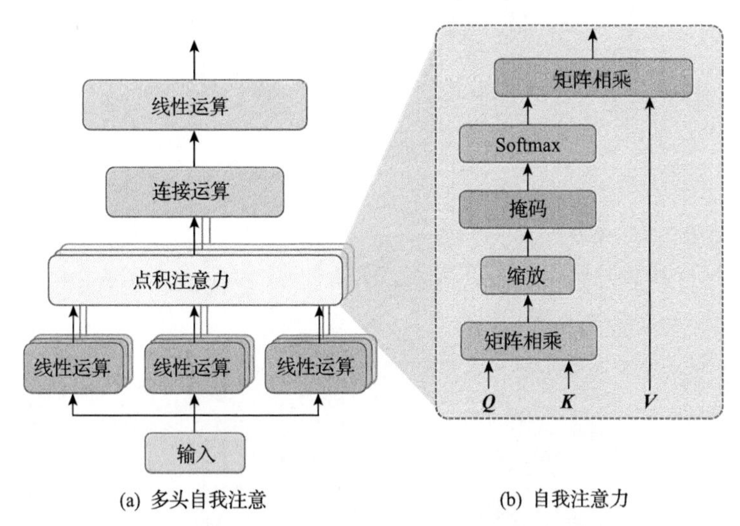

图 6.1　变换器中的注意力机制

6.3　S²GFormer 方法基本框架

本章提出的 S²GFormer 主要由三个组件组成，即像素到区域变换模块、像素块频谱嵌入模块和多层 GraphFormer 编码器模块。S²GFormer 的总体框架如图 6.2 所示。

(1) HSI 预处理和跟随像素块机制。通过跟随像素块机制，将 HSI 从像素转换为区域，同时保留局部空间光谱结构并降低计算复杂度。

(2) 像素块谱嵌入模块将局部像素块视为输入。为了自适应地提取像素块的代表性光谱特征，同时降低计算复杂度，该模块通过挖掘 HSI 中每个频带的局部光谱信息来构建邻域卷积机制。

(3) 多层 GraphFormer 编码器提取空间光谱特征进行 HSI 分类。此外，在 GraphFormer 编码器中，通过将自注意力机制和图卷积组合到一个新设计的变换器中，对全局和局部空-谱相互作用进行建模，需要注意的是 GraphFormer 与变换器本质上不同。

在 S²GFormer 中，HSI 预处理和跟随像素机制、像素块谱嵌入模块、多层 GraphFormer 编码器被连接到用于 HSI 分类的端到端网络中，并且每个模块相互作用。

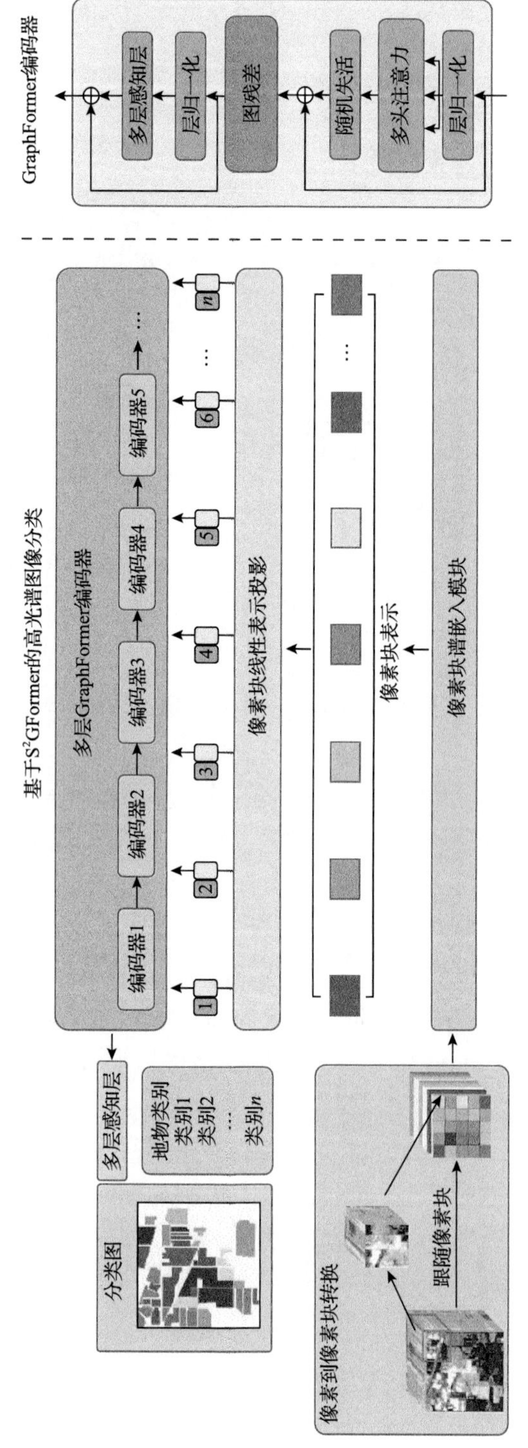

图 6.2　S²GFormer方法结构框图

6.4　S^2GFormer 高光谱影像分类

6.4.1　高光谱影像预处理和跟随像素块机制

HSI 中包含大量像素，如果将每个像素作为 S^2GFormer 的输入，将产生巨大的计算量。为了解决这个问题，目前主要有两种方法，即超像素分割方法[173]和分批输入法[174]。超像素分割方法可以将整个图像分割成一些超像素，从而减少输入节点的数量。小样本方法旨在将图划分为多个子图，并分别计算每个样本的节点特征。然而，超像素分割方法一次将所有样本输入网络，这给内存带来很大的负担。分批输入方法效率低且烦琐。此外，广泛使用的像素块方法不能完全保留图像的局部特征，这可以降低特征输入的完整性。为了克服上述不足，本章提出一种跟随像素块机制，利用该机制可以降低 S^2GFormer 的输入计算复杂度，同时保留 HSI 的局部特征。跟随像素块机制原理示意如图 6.3 所示。这表明，本章提出的方法可以更好地利用具有相同大小的像素块提取 HSI 的相邻像素信息。

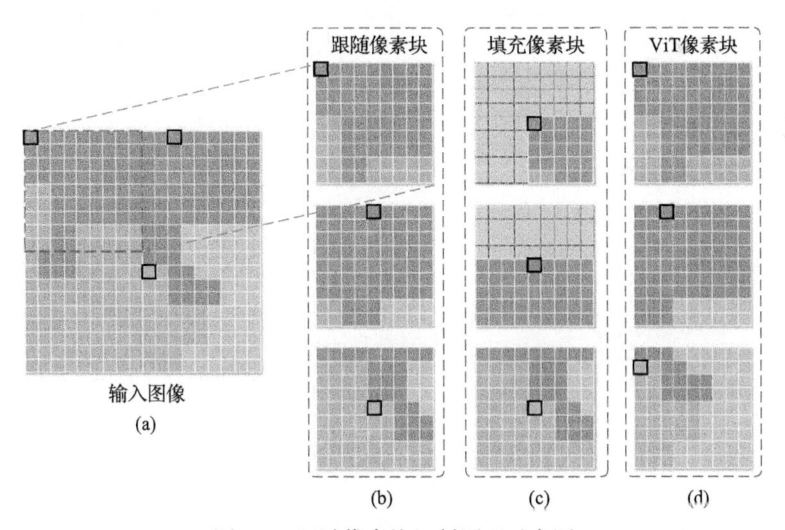

图 6.3　跟随像素块机制原理示意图

给定一个分类像素 $x\left(x_{\text{center}}, y_{\text{center}}\right)$，取 x 周围尺寸为 $m \times m$ 的像素块作为 S^2GFormer 的输入单元。像素块是一个正方形区域，可以通过校准像素块左上角和右下角的坐标确定像素块在图像中的位置。跟随像素块左上角坐标 $\left(x_p, y_p\right)$ 可以表示为

$$x_p = \begin{cases} x_{\text{center}} - \dfrac{m-1}{2}, & x_{\text{center}} > \dfrac{m-1}{2} \text{且} x_{\text{center}} < W - \dfrac{m-1}{2} \\ 0, & x_{\text{center}} \leqslant \dfrac{m-1}{2} \\ W - m - 1, & x_{\text{center}} \geqslant W - \dfrac{m-1}{2} \end{cases} \tag{6.3}$$

$$y_p = \begin{cases} y_{\text{center}} - \dfrac{m-1}{2}, & y_{\text{center}} > \dfrac{m-1}{2} \text{且} y_{\text{center}} < H - \dfrac{m-1}{2} \\ 0, & y_{\text{center}} \leqslant \dfrac{m-1}{2} \\ H - m - 1, & y_{\text{center}} \geqslant H - \dfrac{m-1}{2} \end{cases} \tag{6.4}$$

其中，W 和 H 为图像的宽度和高度；m 为奇数。

类似地，右下角坐标 $\left(x_q, y_q\right)$ 可以表示为

$$x_q = \begin{cases} x_{\text{center}} + \dfrac{m-1}{2}, & x_{\text{center}} > \dfrac{m-1}{2} \text{且} x_{\text{center}} < W - \dfrac{m-1}{2} \\ m-1, & x_{\text{center}} \leqslant \dfrac{m-1}{2} \\ W-1, & x_{\text{center}} \geqslant W - \dfrac{m-1}{2} \end{cases} \tag{6.5}$$

$$y_q = \begin{cases} y_{\text{center}} + \dfrac{m-1}{2}, & y_{\text{center}} > \dfrac{m-1}{2} \text{且} y_{\text{center}} < H - \dfrac{m-1}{2} \\ m-1, & y_{\text{center}} \leqslant \dfrac{m-1}{2} \\ H-1, & y_{\text{center}} \geqslant H - \dfrac{m-1}{2} \end{cases} \tag{6.6}$$

使用 $\left(\left(x_p, y_p\right), \left(x_q, y_q\right)\right)$，算法可以精确地定义像素块。通过以上分析，可以观察到跟随像素块机制扩展了图像边缘点的空间信息，保留更丰富的空间特征，这与 CNN 以 Padding 的形式选择卷积区域具有本质的区别。此外，与 ViT 中的像素块划分相比，跟随像素块机制可以避免分类像素边缘化的问题。另外，跟随像素块机制以聚合局部空间信息的形式去除了冗余的空间信息，使分类和计算更加高效。

6.4.2　像素块谱嵌入模块

跟随像素块机制用像素块保留 HSI 的局部特征，但是算法仍然没有解决如何提取像素块代表性光谱特征的问题。目前，主流的方法是对像素块中所有像素的光谱值取平均值[175]。然而，这种方法不能解决光谱特征信息冗余的问题，并且容易受到光谱噪声的干扰。目前，光谱特征提取过于关注全局光谱特征，而忽略了局部光谱特征[176]。变换器可以建立光谱序列的非局部依赖性，但是会忽略局部信息。为了在采用变换器建立全局注意力的同时更好地融合局部信息，本节设计邻域卷积。邻域卷积原理示意如图 6.4 所示。

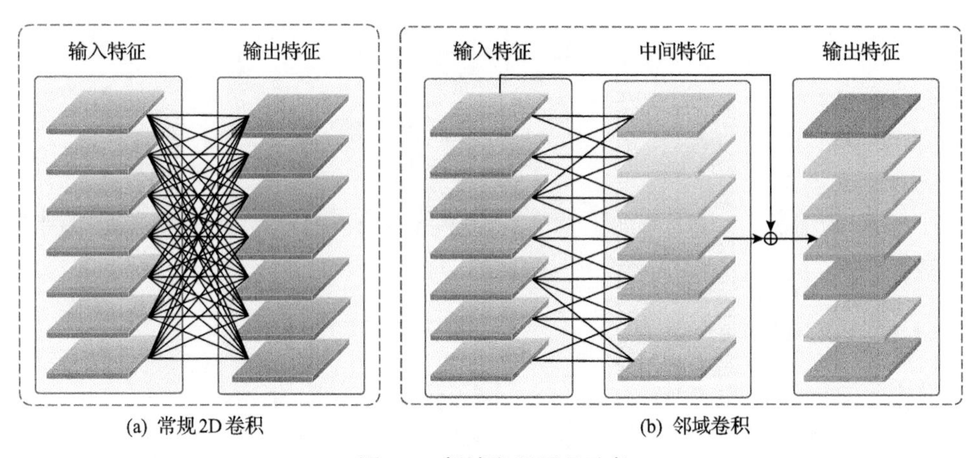

图 6.4　邻域卷积原理示意

首先，将当前谱带和相邻谱带的特征融合，可以将第 i 个相邻谱带表示为

$$X_{\text{group}}^{i} = \text{Concat}\left(X_m, X_{m+1}, \cdots, X_i, \cdots, X_{m+k-1}\right) \tag{6.7}$$

其中，k 为相邻频谱的数量；X_i 为第 i 个频谱的相邻频谱；频谱的总数为 N。

$$m = \begin{cases} i - \dfrac{k-1}{2}, & i > \dfrac{k-1}{2} \text{且} i < N - \dfrac{k-1}{2} \\ 0, & i \leqslant \dfrac{k-1}{2} \\ N-k-1, & i \geqslant N - \dfrac{k-1}{2} \end{cases} \tag{6.8}$$

随后，利用残差机制将特征光谱与原始光谱信息相结合。残差级联机制可以表示为

$$X_i' = W_i X_{\text{group}}^i + b_i,\quad i = 1,2,\cdots,N \tag{6.9}$$

$$X_i'' = X + X_i' \tag{6.10}$$

$$F = \text{Concat}\left(X_1'', X_2'', \cdots, X_N''\right) \tag{6.11}$$

其中，W_i 和 b_i 为第 i 个邻域卷积的权重和偏差；X_i' 为邻域特征；输出特征 X_i'' 为残差级联后获得的，并且通过对 X_i'' 执行级联运算计算输出特征图 F。

为了防止过拟合，利用 BN 和 ReLU 对输出进行正则化来提高分类性能，即

$$\begin{aligned} F' &= \text{ReLU}(\text{BN}(F)) \\ &= \text{ReLU}\left(\gamma \frac{F-\mu}{\sigma} + \beta\right) \\ &= \max\left(0, \gamma \frac{F-\mu}{\sigma} + \beta\right) \end{aligned} \tag{6.12}$$

其中，F' 为输出；μ 和 σ 为输出特征的期望值和方差；γ 和 β 为网络的可训练参数。

6.4.3 多层 GraphFormer 编码器

在 S²GFormer 框架中，结合 GCN 和变换器的优势，提出一种 GraphFormer 提取表示像素块的空-谱特征。GraphFormer 编码器原理如图 6.5 所示。多层图形编码器由四个相同的块组成。每个 GraphFormer 编码器包含六个子模块，即

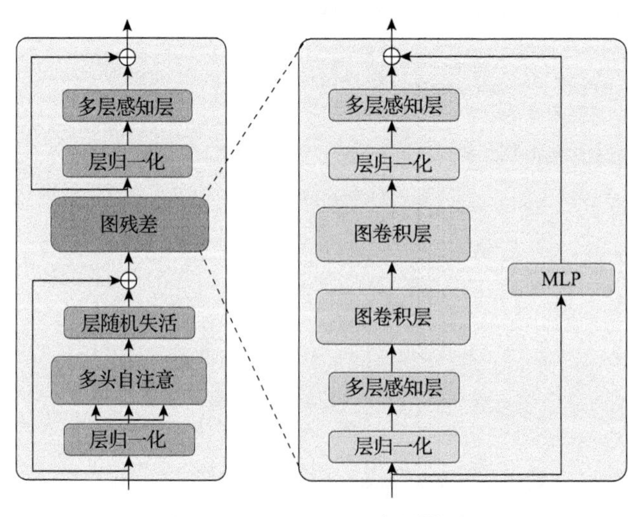

图 6.5　GraphFormer 编码器原理

MLP、层归一化、图残差、层随机失活、多头自注意和第二层归一化。在GraphFormer编码器中，在传统的变换器中嵌入一个图卷积，可以对细粒度的局部交互信息进行建模。

1. 多头自注意模块

在GraphFormer编码器中，多头自注意模块利用多个自注意函数学习上下文特征表示。给定一个输入像素块 $\boldsymbol{P}=\{F_1',F_2',\cdots,F_n'\}$，$d$ 为像素块的谱维数。通过学习可训练参数 $\{\boldsymbol{W}_Q,\boldsymbol{W}_K,\boldsymbol{W}_V\}$，首先将输入像素块序列投影到 $\boldsymbol{Q}$、$\boldsymbol{K}$ 和 $\boldsymbol{V}$，即

$$\boldsymbol{Q},\boldsymbol{K},\boldsymbol{V}=\boldsymbol{P}\boldsymbol{W}_Q,\boldsymbol{P}\boldsymbol{W}_K,\boldsymbol{P}\boldsymbol{W}_V\in\mathbf{R}^{n\times d} \tag{6.13}$$

算法可以将三个特征表示拆分为 h 个不同的子空间，即 $\boldsymbol{Q}=\{\boldsymbol{Q}^1,\boldsymbol{Q}^2,\cdots,\boldsymbol{Q}^h\}$，$\boldsymbol{Q}^i\in\mathbf{R}^{n\times d}$，利用这些子空间可以分别对每个子空间进行自注意，则子空间输出 $\boldsymbol{Y}^h=\{y_1^h,y_2^h,\cdots,y_n^h\}$ 可以计算为

$$y_i^h=\mathrm{Att}\left(q_i^h,K^h\right)\boldsymbol{V}^h\in\mathbf{R}^{\frac{d}{h}} \tag{6.14}$$

其中，$\mathrm{Att}(\bullet)$ 为注意力函数，语义相关的 q_i^h 和 K^h 是通过缩放Softmax和点积来量化的。

然后，将输出 $\boldsymbol{Y}^h\in\mathbf{R}^{n\times\frac{d}{h}}$ 连接起来，形成最终输出 $\boldsymbol{Y}$。

2. 图残差模块

多头自注意有助于提取远距离依赖关系，但是复杂像素块序列中的局部信息很容易被忽略。因此，算法提出一种图残差模块，通过提取不同像素块之间的关系细化像素块序列中包含的局部空间光谱特征。

在式(6.14)中，多头自注意模块生成的综合特征 $\boldsymbol{Y}$ 可以通过使用图卷积改善局部信息提取，其输出 $\boldsymbol{Y}'$ 为

$$\boldsymbol{Y}'=\mathrm{GraphConv}\left(\overline{\boldsymbol{A}},\boldsymbol{Y};\boldsymbol{W}_G\right)=\sigma\left(\overline{\boldsymbol{A}}\boldsymbol{Y}\boldsymbol{W}_G\right) \tag{6.15}$$

其中，$\overline{\boldsymbol{A}}\in\mathbf{R}^{n\times n}$、$\boldsymbol{W}_G$ 和 $\sigma(\bullet)$ 为图邻接矩阵、可训练参数和激活函数。

在所提模块中，算法参考变换器的双向编码表示(bidirectional encoder representation from transformer, BERT)[46]采用高斯误差线性单元执行网络的非

线性化。

随后，GraphFormer 编码器的输出 $\boldsymbol{Y}''$ 可以表示为

$$\boldsymbol{Y}'' = \mathrm{MLP}\left(\sigma\left(\bar{\boldsymbol{A}}\boldsymbol{Y}'\boldsymbol{W}_G\right)\right) + \mathrm{MLP}(\boldsymbol{Y}) \tag{6.16}$$

图残差模块通过对网络中的图结构进行编码，从而提高特征的空间谱局部性。

6.4.4 算法训练和优化

式(6.3)～式(6.6)说明 HSI 预处理流程，其输出作为后续网络的输入。随后，利用像素块谱嵌入模块提取像素块的谱特征。最后，设计一个多层图形编码器提取像素块序列的空-谱特征，S²GFormer 的输出为 $\boldsymbol{O}_G^{(\mathrm{final})}$。S²GFormer 算法采用交叉熵损失函数惩罚标签示例和提出的多层图形编码器输出之间的差异，可表示为

$$\mathcal{L} = -\sum_{z\in y_G}\sum_{f=1}^{C}\boldsymbol{Y}_{zf}\ln\boldsymbol{O}_{Gzf}^{(\mathrm{final})} \tag{6.17}$$

其中，y_G 为样本数据集；C 为类的数量；$\boldsymbol{Y}_{zf}$ 为标签矩阵。

6.5 实验结果与分析

本节通过实验和分析评估 S²GFormer 的 HSI 分类性能。首先，将 S²GFormer 的定量和可视化 HSI 分类性能与九种最先进的算法进行比较，评估 S²GFormer 的分类性能。其次，通过将 t-SNE 嵌入所提出的方法，对训练过程进行可视化，并分析标签率和超参数的影响。最后，进行消融实验，评估 S²GFormer 设计的合理性。

6.5.1 实验设置

1. 对比方法

为了评估 S²GFormer 的性能，采用九种有代表性的聚类方法作为对比方法，包括 SVM-RBF、基于注意力的双向长短记忆网络(attention based long short-term memory network, AB-LSTM)、2D CNN[177]、卷积 RNN(convolution RNN, CRNN)[178]、miniGCN[174]、S²GCN[179]、Spectralformer(SF)[67]和光谱-空间特征标记化转换器(spectral-spatial feature tokenization transformer, SSFTT)[180]。

在这些方法中，SVM-RBF 和 AB-LSTM 是传统的分类方法；2D CNN 和 CRNN 是基于 CNN 的方法；miniGCN 和 S^2GCN 是基于 GCN 的方法；SF 和 SSFTT 是最新的基于变换器的方法。

2. 评估指标和参数设置

在 S^2GFormer 算法中，预设五个主要参数，即迭代次数 T、像素块大小 P_n、学习率 L、编码器深度 V_d 和自注意力头部数 V_h。S^2GFormer 不同数据集的最优超参数设置如表 6.1 所示。本章采用四个常用的指标，包括 PA、OA、AA 和 κ 。此外，本节将对所有研究模型中获得的 HSI 分类图可视化进行定性比较。所有实验都是使用 Pytorch 框架在 NVIDIA Titan RTX 上进行的。为了比较，消除由训练样本的随机选择引起的偏差，所有方法都被执行 10 次。

表 6.1　S^2GFormer 不同数据集的最优超参数设置

数据集	T	P_n	L	V_d	V_h
IP	200	9×9	5×10^{-4}	3	4
Salinas	200	9×9	5×10^{-4}	3	4
UH 2013	200	9×9	5×10^{-4}	3	4

6.5.2　实验结果对比分析

1. IP 数据集上分类结果

第一次实验是在 IP 数据集上进行的，以验证 S^2GFormer 方法对于具有严重噪声干扰的小规模 HSI 数据集的分类性能。不同方法得到的定量结果如表 6.2 所示，最优性能用粗体标出，次优结果用下划线标出。相应的聚类视觉结果如图 6.6 所示。

由于不同类别之间的极端样本不平衡和严重的噪声干扰，所有其他对比模型在 IP 图像上的表现都很差。然而，提出的 S^2GFormer 的 OA、AA 和 κ 结果分别达到 93.55%、96.56%和 92.62%，与 SSFTT 实现的次优结果相比，分别提高 10.59、5.01 和 11.91 个百分点。

此外，SSFTT 和 S^2GCN 均获得了相对较好的分类结果。这表明，这两种方法对噪声干扰和类不平衡样本分类问题具有良好的适应性。然而，与其他分类方法相比，miniGCN 和 SF 并没有优势，因为这两种算法不是专门为 HSI 分类设计的。由于缺乏提取 HSI 深度特征的能力，传统方法(即 AB-LSTM 和 SVM-RBF)没有意外地取得较差的分类结果。具体而言，两种方法的 OA 值分

表 6.2　不同聚类方法在 IP 数据集上聚类定量实验结果　　（单位：%）

项目	AB-LSTM	SVM-RBF	2D CNN	CRNN	miniGCN	S²GCN	SF	SSFTT	S²GFormer
类别 1	41.94±34.24	31.36±3.65	87.01±0.00	75.36±0.26	68.32±5.39	76.83±3.97	47.31±13.52	**100.00±0.00**	**100.00±0.00**
类别 2	41.20±15.40	58.16±4.99	41.18±6.81	38.35±5.97	48.17±7.31	57.29±6.29	50.74±5.01	77.23±2.92	**85.77±1.54**
类别 3	12.62±15.86	51.12±5.52	46.92±8.72	51.23±8.01	46.28±7.05	61.02±5.37	57.04±6.71	77.46±10.09	**95.62±0.28**
类别 4	41.55±27.07	30.90±1.75	88.89±2.40	79.66±3.87	82.03±4.24	78.66±1.82	84.06±6.35	**98.39±1.39**	98.07±1.49
类别 5	76.97±2.10	83.18±0.69	73.36±6.93	70.62±4.01	76.02±2.19	80.60±1.85	72.33±6.60	93.75±4.06	**95.36±0.18**
类别 6	70.00±23.64	91.13±1.14	88.29±4.15	85.27±2.64	89.19±3.09	92.28±2.59	82.29±0.91	96.67±1.36	**98.43±0.34**
类别 7	43.59±32.23	44.18±10.37	**100.00±0.00**	**100.00±0.00**	95.13±1.42	98.33±1.92	**100.00±0.00**	**100.00±0.00**	**100.00±0.00**
类别 8	93.01±4.86	95.79±1.35	97.02±1.00	98.66±1.28	87.06±1.57	91.36±0.61	96.35±1.24	**99.78±0.32**	**99.78±0.12**
类别 9	60.00±43.20	18.17±1.37	**100.00±0.00**	**100.00±0.00**	93.00±1.97	**100.00±0.00**	**100.00±0.00**	**100.00±0.00**	**100.00±0.00**
类别 10	51.20±18.09	56.76±2.69	57.93±3.73	58.03±5.59	62.82±4.33	68.26±3.82	71.09±4.68	87.30±2.73	**91.08±1.71**
类别 11	52.04±14.98	73.59±3.41	59.64±3.73	43.92±5.27	66.08±2.62	71.08±2.01	53.46±9.35	67.68±7.54	**90.93±1.37**
类别 12	41.44±2.36	46.22±5.87	62.94±5.66	58.30±4.98	51.07±5.88	62.35±3.21	43.64±4.48	83.37±2.76	**90.94±0.52**
类别 13	97.71±0.47	86.97±0.51	99.05±0.27	96.07±0.95	89.31±0.32	91.06±1.00	97.71±1.62	99.62±0.54	**100.00±0.00**
类别 14	90.58±3.19	94.43±0.82	83.13±0.60	81.28±1.11	86.07±0.92	91.06±1.38	76.60±5.15	91.77±1.61	**99.60±0.36**
类别 15	54.21±11.81	51.70±2.47	80.43±6.91	76.54±5.90	82.39±1.58	87.37±1.93	85.49±3.32	95.51±3.58	**99.44±0.75**
类别 16	98.41±2.24	83.17±8.52	**100.00±0.00**	96.01±1.62	76.92±1.25	85.93±1.72	98.94±1.50	96.30±5.24	**100.00±0.00**
OA	56.68±3.48	66.96±2.25	65.83±1.78	66.28±0.99	68.73±2.61	75.24±1.97	65.24±2.09	82.96±1.21	**93.55±0.47**
AA	60.41±2.84	62.30±1.66	79.12±1.21	75.58±1.92	74.99±0.41	80.84±0.81	76.07±0.95	91.55±0.97	**96.56±0.35**
κ	51.02±3.55	62.81±2.42	61.38±1.99	68.21±0.48	68.36±1.94	74.71±2.38	61.06±2.10	80.71±1.29	**92.62±0.53**

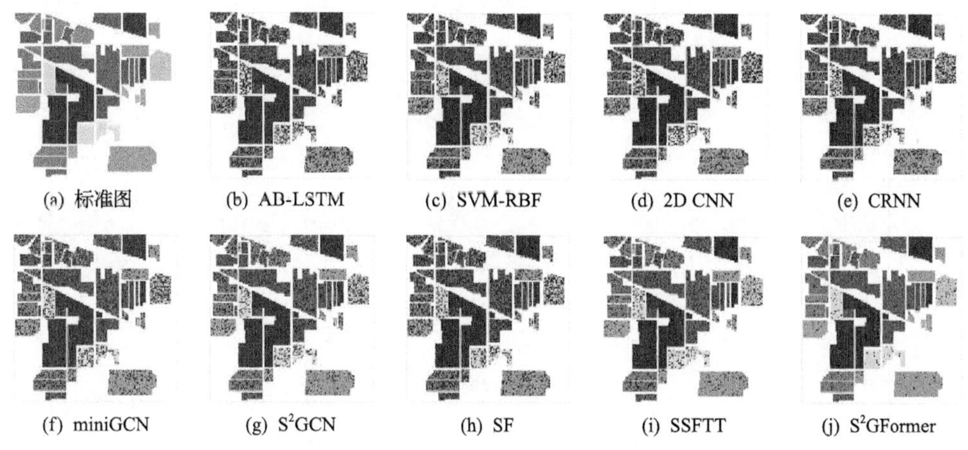

图 6.6　不同方法在 IP 数据集上的分类结果可视化比较

别为 56.68%和 66.96%。此外，尽管 miniGCN 和 S²GCN 可以动态更新图并融合多尺度信息进行 HSI 分类，但是它们不能充分提取谱带之间的相互关系，导致分类性能不理想。与 SSFTT 相比，在 S²GFormer 中提出一种像素块谱嵌入模块提取 HSI 中的谱特征，可以增强算法的抗干扰性。因此，S²GFormer 在 OA、AA 和 κ 值波动方面是所有方法中最小的，表明其稳定性最好。与其他对比方法相比，S²GFormer 的分类图更平滑且分类错误更少。例如，在类别 11 "Soybean- mintill" 和类别 8 "Hay-windrowed" 中，AB-LSTM 和 SVM-RBF 含有大量的椒盐噪声。同时也可以注意到，SSFTT 获得了相对较好的分类结果，但是在类别 2 "Corn-notill"、类别 3 "Corn-mintill"、类别 11 "Soybean-mintill" 中包含许多错误的分类像素。由实验结果可知，本章所提的方法在 IP 数据集上的结果要优于对比方法。

2. Salinas 数据集上分类结果

第二个实验是在 Salinas 数据集上进行的，以评估 S²GFormer 对具有异物同谱(类别 8 "Grapes untrained" 和类别 15 "Vineyard-untrained")的中等大小 HSI 数据集的分类性能。定量和相应的定性分类结果分别如表 6.3 和图 6.7 所示。

从表 6.3 的定量分类结果来看，由于 Salinas 数据集包含较少的干扰噪声，与 IP 数据集上的结果相比，所有分类方法在 Salinas 数据集上获得的分类结果都有很大的提高。此外，作为传统的分类方法，SVM-RBF 在 OA、AA 和 κ 方面的分类精度分别为 86.31%、92.01%和 85.90%。这一结果与深度学习方法相比没有明显差异，表明传统方法对特定数据集具有良好的分类性能。由于训练样本的不足，基于 CNN 的分类方法可以取得令人满意的分类结果。例如，

表 6.3　不同分类方法在 Salinas 数据集上聚类定量实验结果　　（单位：%）

项目	AB-LSTM	SVM-RBF	2D CNN	CRNN	miniGCN	S^2GCN	SF	SSFTT	S^2GFormer
类别 1	98.50±1.33	98.70±1.05	98.77±0.80	99.34±0.53	95.20±0.82	99.01±0.44	94.74±0.93	**100.00±0.00**	**100.00±0.00**
类别 2	97.06±3.51	99.20±0.55	98.70±0.71	99.17±0.21	98.61±0.59	99.18±0.59	98.82±0.49	99.49±0.46	**99.86±0.13**
类别 3	73.14±16.50	92.85±0.61	90.00±1.19	96.54±1.39	94.15±0.94	97.15±2.76	92.17±1.99	90.10±7.84	**99.98±0.03**
类别 4	99.49±0.27	97.54±0.17	98.75±0.36	97.32±0.27	93.07±0.82	99.11±0.55	96.26±0.94	**99.76±0.30**	99.29±0.04
类别 5	93.76±2.99	97.65±0.65	95.20±1.07	**98.75±0.89**	87.23±1.14	97.55±2.35	89.41±1.83	97.13±2.30	96.11±1.35
类别 6	96.77±2.37	**99.89±0.02**	99.40±0.39	99.19±0.77	95.13±0.86	99.32±0.35	99.20±0.72	99.71±0.31	99.50±0.21
类别 7	98.96±0.38	98.76±0.43	**99.38±0.37**	98.67±1.30	90.28±0.62	90.06±0.27	97.91±1.99	99.03±0.50	99.30±0.49
类别 8	41.24±30.46	77.68±1.55	72.55±6.82	72.38±3.98	69.31±0.97	70.68±5.20	73.07±1.12	73.95±3.67	**92.59±1.02**
类别 9	91.23±6.09	99.18±0.24	93.30±0.93	97.29±0.61	96.00±1.40	98.32±1.79	93.77±1.42	98.59±1.35	**99.62±0.37**
类别 10	47.84±23.55	83.99±1.33	88.24±0.95	91.44±1.64	88.29±2.69	90.97±2.59	91.39±1.83	94.28±1.14	**95.83±0.43**
类别 11	82.69±11.92	89.42±0.31	93.96±2.26	96.82±0.78	96.85±0.26	98.00±1.65	92.36±3.31	98.65±0.27	**99.79±0.12**
类别 12	95.01±1.29	95.31±0.35	99.33±0.22	99.21±0.32	96.73±0.71	99.56±0.59	99.05±0.58	**99.95±0.04**	99.66±0.21
类别 13	86.61±15.19	94.17±1.21	99.06±0.93	97.29±0.86	95.29±1.31	97.83±0.72	**99.40±0.43**	97.86±1.28	99.32±0.65
类别 14	92.98±2.45	90.11±4.68	96.73±0.95	95.10±1.73	93.66±1.27	95.75±1.65	96.60±0.95	98.91±0.16	**99.42±0.63**
类别 15	58.63±30.10	60.59±1.96	71.35±3.32	76.33±4.62	71.49±2.61	70.36±3.62	81.58±2.20	81.10±3.63	**93.27±0.16**
类别 16	88.37±8.03	97.04±1.20	92.61±1.97	97.99±0.61	95.08±1.25	96.90±1.97	93.72±2.04	96.96±2.05	**98.26±0.60**
OA	74.83±1.60	86.31±0.53	87.59±1.49	87.64±0.83	86.75±1.97	88.39±1.01	88.80±0.21	90.67±1.52	**96.92±0.36**
AA	83.89±3.61	92.01±0.15	92.96±0.56	94.55±0.57	91.02±0.82	94.30±0.47	93.09±0.19	95.34±1.11	**98.23±0.07**
κ	72.21±1.69	85.90±0.58	86.21±1.64	86.72±1.01	83.29±1.48	87.10±1.12	87.57±0.24	89.64±1.68	**95.62±0.31**

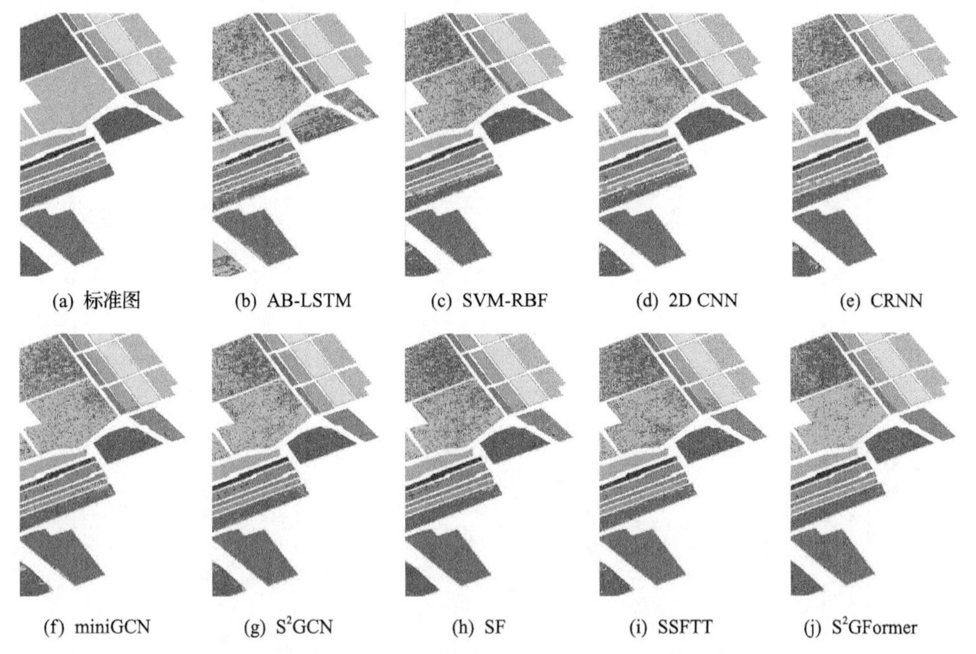

(a) 标准图 (b) AB-LSTM (c) SVM-RBF (d) 2D CNN (e) CRNN

(f) miniGCN (g) S^2GCN (h) SF (i) SSFTT (j) S^2GFormer

图 6.7 不同方法在 Salinas 数据集上的分类结果可视化比较

CRNN 的 OA、AA 和 κ 的结果分别为 87.64%、94.55%和 86.72%。令人意外的是，基于 GCN 的方法对 Salinas 数据集的分类精度并没有显著提高，这表明 miniGCN 和 S^2GCN 无法很好地处理异物同谱问题。具体而言，S^2GCN 在类别 8 和类别 15 中的分类准确率分别为 70.68%和 70.36%。得益于变换器的自注意力机制，S^2GFormer 可以很好地提取 HSI 中的非局部空-谱特征。SSFTT 实现的 OA、AA 和 κ 值分别为 90.67%、95.34%和 89.64%，是所有对比方法中次优的分类。S^2GFormer 分类结果分别为 96.92%、98.23%和 95.62%，与 SSFTT 相比分别提高 6.25、2.89 和 5.98 个百分点。这主要是因为 S^2GFormer 方法综合利用了基于 GCN 的方法和基于变换器方法的优势，从而在提取非局部特征的同时保持局部空-谱特征。如图 6.7 所示，本章所提方法分类图更接近地面真实图，可以显著降低误分类率。

3. UH2013 数据集上分类结果

第三个实验是在 UH2013 数据集上进行的，评估 S^2GFormer 对大规模 HSI 数据集的分类性能。定量和相应的定性分类结果如表 6.4 和图 6.8 所示。

从表 6.4 所示的定量结果来看，与 IP 和 Salinas 数据集类似，S^2GFormer 方法的分类性能在所有关键指标中都优于对比方法，表明所提方法对大规模

表 6.4　不同聚类方法在 UH2013 数据集上聚类定量实验结果

（单位：%）

项目	AB-LSTM	SVM-RBF	2D CNN	CRNN	miniGCN	S^2GCN	SF	SSFTT	S^2GFormer
类别 1	82.76±3.29	86.98±2.74	85.53±3.42	82.45±2.19	85.16±3.72	<u>96.30±3.07</u>	86.66±2.51	94.31±1.39	**98.24±0.62**
类别 2	80.31±3.66	78.11±3.62	81.02±4.09	84.12±3.64	75.16±4.26	**98.57±1.47**	91.34±1.32	87.32±2.61	<u>97.67±0.62</u>
类别 3	77.26±3.82	80.58±4.92	89.27±1.98	91.56±1.07	85.72±1.35	<u>98.88±0.43</u>	93.76±0.79	92.36±1.27	**100.00±0.00**
类别 4	76.09±5.85	78.11±6.31	86.31±2.92	91.29±3.78	89.32±2.92	<u>97.68±2.89</u>	90.31±0.39	88.42±0.92	**100.00±0.00**
类别 5	82.33±3.92	87.36±5.14	94.72±1.51	<u>98.81±0.62</u>	95.37±1.28	97.66±1.12	96.29±1.76	95.92±1.22	**100.00±0.00**
类别 6	79.39±4.15	82.97±3.98	92.31±1.25	<u>94.83±2.19</u>	89.46±1.60	**96.84±1.17**	83.12±4.97	81.39±2.87	94.26±1.18
类别 7	77.14±2.69	72.08±6.61	87.72±1.39	86.42±3.42	<u>88.17±4.32</u>	83.48±5.89	76.48±5.33	85.44±3.28	**93.21±0.97**
类别 8	55.88±6.01	61.62±9.81	57.02±5.89	53.05±8.71	60.26±3.37	76.15±4.37	<u>82.91±1.39</u>	77.02±4.91	**89.52±2.82**
类别 9	70.11±2.93	72.89±0.23	80.30±3.76	84.04±4.63	<u>86.32±2.67</u>	82.17±1.78	75.92±3.44	79.39±2.76	**90.16±0.76**
类别 10	46.91±3.52	53.29±2.92	51.79±6.18	45.14±8.77	50.29±7.32	86.85±8.32	87.22±2.97	<u>90.31±4.72</u>	**98.67±0.88**
类别 11	50.97±2.61	52.08±7.68	62.36±3.27	61.85±9.39	66.50±6.30	88.57±5.06	81.32±1.52	<u>89.32±2.60</u>	**94.02±0.82**
类别 12	70.82±3.28	77.52±3.56	80.15±2.32	<u>84.40±2.93</u>	80.02±3.10	78.64±4.79	76.26±3.86	83.77±2.93	**93.62±1.25**
类别 13	76.39±2.88	82.32±2.18	<u>87.29±1.92</u>	84.14±3.12	80.39±2.66	75.62±6.93	77.39±4.24	83.81±4.86	**89.92±1.02**
类别 14	85.67±4.62	90.60±1.82	94.03±1.56	96.03±0.73	92.30±1.92	<u>99.45±0.44</u>	91.62±1.40	90.35±0.63	**100.00±0.00**
类别 15	92.22±3.71	90.08±2.13	88.32±1.78	93.45±2.41	94.07±0.91	**98.03±1.07**	90.31±2.35	95.11±1.66	<u>96.26±0.84</u>
OA	75.67±2.31	77.39±2.57	80.32±2.09	82.10±1.21	80.67±1.32	<u>89.31±1.00</u>	84.77±1.42	88.06±0.82	**94.12±0.87**
AA	73.62±2.64	76.43±1.92	81.59±2.31	79.21±1.02	81.23±1.76	<u>90.33±1.06</u>	85.39±1.68	87.61±1.28	**95.07±0.55**
κ	73.02±1.86	77.16±1.82	79.37±1.85	77.61±1.19	79.32±1.53	<u>88.44±1.08</u>	84.06±1.83	87.26±0.93	**94.66±0.56**

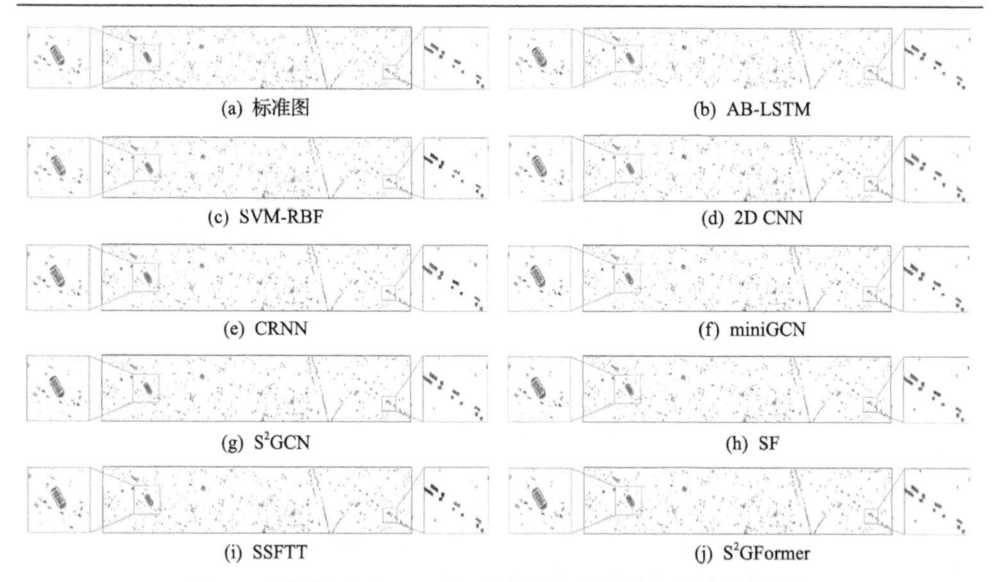

图 6.8　不同方法在 UH2013 数据集上的分类结果可视化比较

数据集具有良好的分类能力。具体而言，与次优的方法相比，结果分别提高 4.81、4.74 和 6.22 个百分点。此外，与基于 GCN 的方法（即 miniGCN 和 S^2GCN）相比，基于变换器的方法，即 SF 和 SSFTT，并没有获得令人满意的结果。具体而言，SF 和 SSFTT 的 OA 仅为 84.77%和 88.06%。另外，S^2GCN 在所有分类器中都取得次优的分类结果，这表明 GCN 机制对 HSI 分类具有良好的优势。由于可以提取 HSI 的深度特征，深度学习方法分类器（即 2D CNN、CRNN、miniGCN、S^2GCN、SF 和 SSFTT）获得了较好的分类结果。具体而言，相较于 AB-LSTM 方法分类结果，深度学习方法分类器在 OA 分别提高 4.65、6.43、5、13.64、9.1 和 12.39 个百分点。UH2013 数据集上所有对比方法的输出结果如图 6.8 所示。从结果可知，S^2GFormer 在所有方法中可以获得最好的视觉分类结果，这证实了 S^2GFormer 的分类优势。

6.5.3　*t*-SNE 数据分布可视化

在这一部分中，通过将 *t*-SNE[61]嵌入 S^2GFormer 和 SSFTT 可以增强可解释性。分类结果如图 6.9 所示。

从可视化结果可以得到以下结论，与原始 HSI 分布相比，类中心和分类目标之间的方差减小了；S^2GFormer 可以大大减少错误分类；在 S^2GFormer 的分类图中，同一类的节点更加聚集，并且不同类的中心距离更远。简而言之，与对比分类器相比，S^2GFormer 提取的特征表示类间距离更大和类内距离更小。

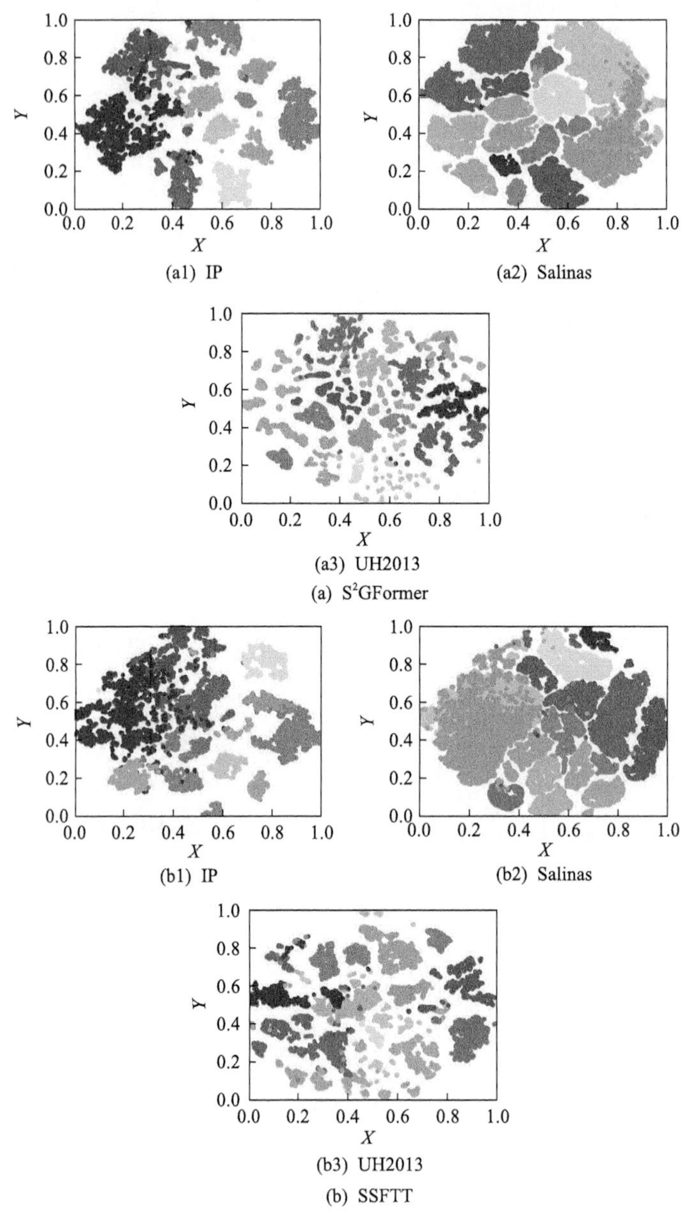

图 6.9　S^2GFormer 和 SSFTT 在三个数据集上的特征表示

6.5.4　不同数量的训练样本对 S^2GFormer 方法性能影响分析

为了进一步评估提出的方法在不同数量的训练样本下的分类能力，本节在三个数据集上随机选择 0.25%～3%的标记样本对分类器训练，其他实验设置如 6.4.1 节所述，采用 OA 指数记录分类结果。如图 6.10 所示，所有分

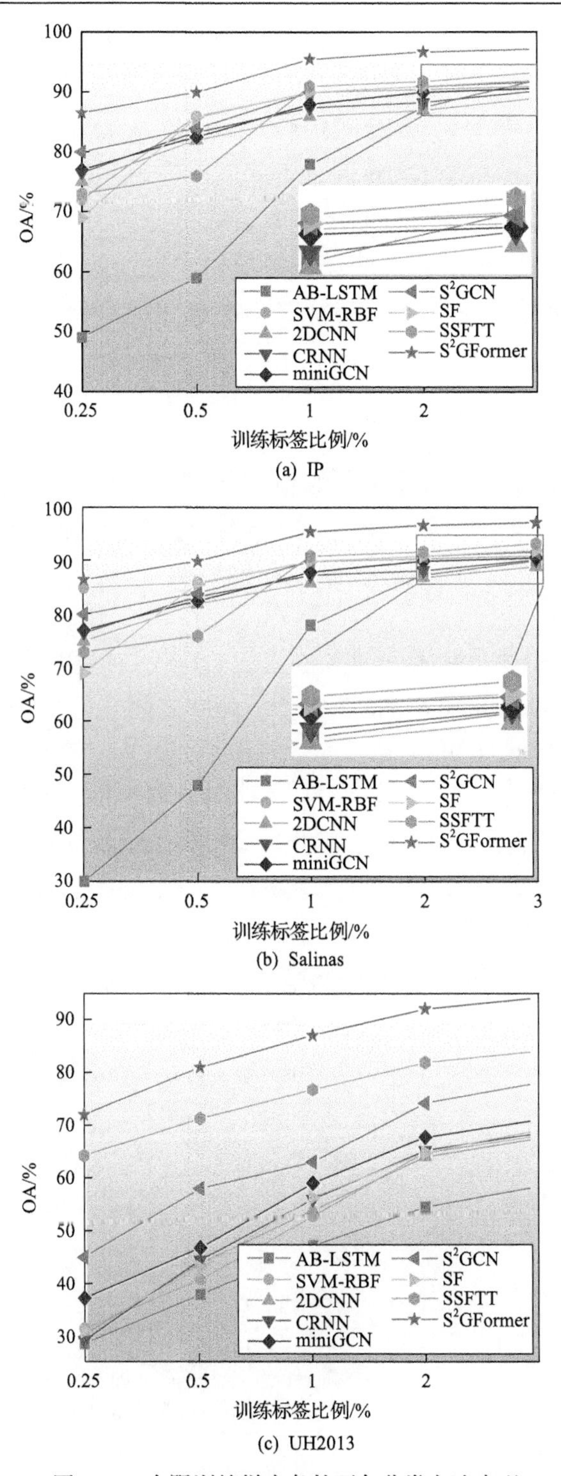

(a) IP

(b) Salinas

(c) UH2013

图 6.10　有限训练样本条件下各分类方法表现

类器的性能都随着训练样本比例的增加而提高。最重要的是，无论训练样本的数量如何变化，本章所提方法的分类结果都是最好的。同时，还可以观察到 S²GFormer 对小样本的适应性最好，结果的波动性最小，这验证了方法设计的先进性。此外，基于 GCN 的分类器可以学习相邻节点的信息，而基于变换器的方法包含自注意力机制来提取 HSI 的全局特征。这两类方法在小样本条件下表现良好，但随着训练样本数量的增加，效果并不明显。这表明，仅提取 HSI 的局部或全局空-谱特征并不能有效提高分类器的分类精度和适应性。

6.5.5　S²GFormer 超参数影响分析

在 S²GFormer 中预设五个主要的超参数(即 T、P_n、L、V_d 和 V_h)，其最优值如表 6.1 所示。本节解释每个超参数的选择过程，并分析所提方法对超参数的敏感性。为了获得最优参数，算法采用网格搜索策略，并利用 OA 记录分类结果。

迭代次数 T 和学习率 L 分别控制算法的迭代数量和参数优化的步长。实验中，将其他参数固定(表 6.1)，T 在 50～400 之间变化，L 在 5×10^{-5}～5×10^{-3} 之间变化。根据图 6.11 可得如下结论，模型可以在 L 较大的情况下更快地训练，但不容易找到最优参数；较大的 T 可以使模型得到更充分的训练，但是很容易导致过度拟合。较小的 T 有可能导致算法参数的优化不足。因此，选择合适的 T 是非常重要的。T 和 L 密切相关，一个参数的选择会影响另一个的选择。为了在确保训练效率的同时，充分优化参数，通过对结果进行分析，选择 T 和 L 的值分别为 200 和 5×10^{-4} 最为合适。

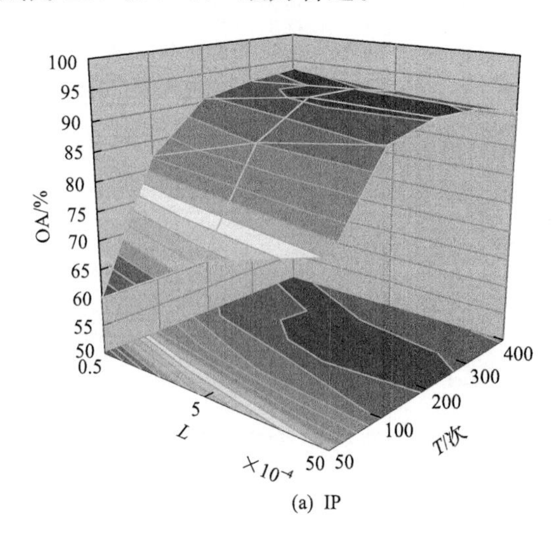

(a) IP

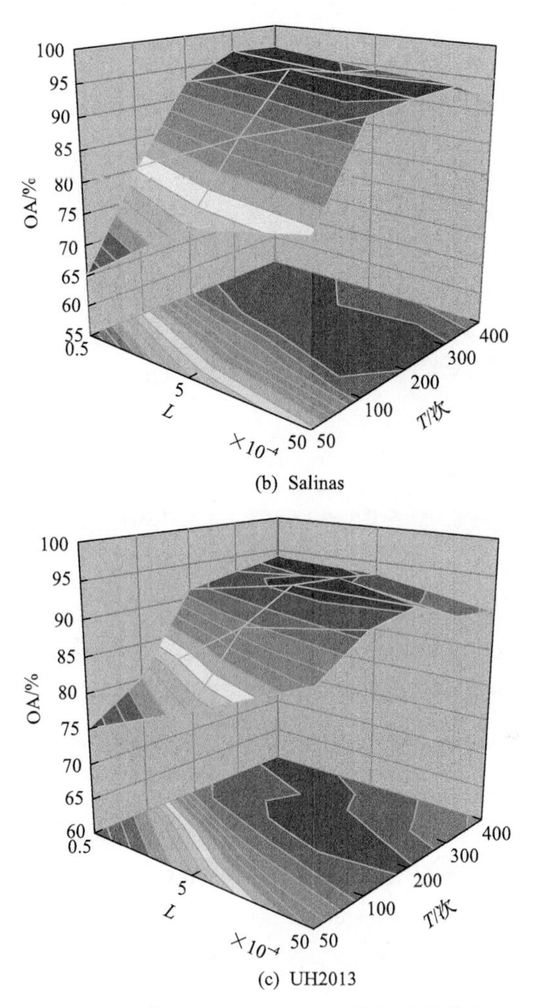

(b) Salinas

(c) UH2013

图 6.11 S²GFormer 对 T 和 L 的敏感度分析

像素块的大小 P_n 与计算复杂度和像素块保存的空间信息量密切相关。本节研究不同的 P_n 对 HSI 分类结果的影响。S²GFormer 对 P_n 和 V_h 的敏感度分析如图 6.12 所示。通常，较大的像素块可以保留更多的局部空间信息，而其包含着更多的噪声，这将导致分类精度降低。相反，较小的像素块会增加像素块的数量，从而增加算法的计算复杂度。从图 6.12(a)可以注意到，当像素块大小为 9×9 时，所提出的方法可以实现最高的分类精度。多头自注意力机制可以从图像中提取全局信息。最后，分析 S²GFormer 中自注意力数量对 HSI 分类精度的影响。从图 6.12(b)可以看出，当 V_h=4 时，该算法的分类精度最高。同时，过度提取 HSI 的全局特征信息不利于提高分类器的分类精度。

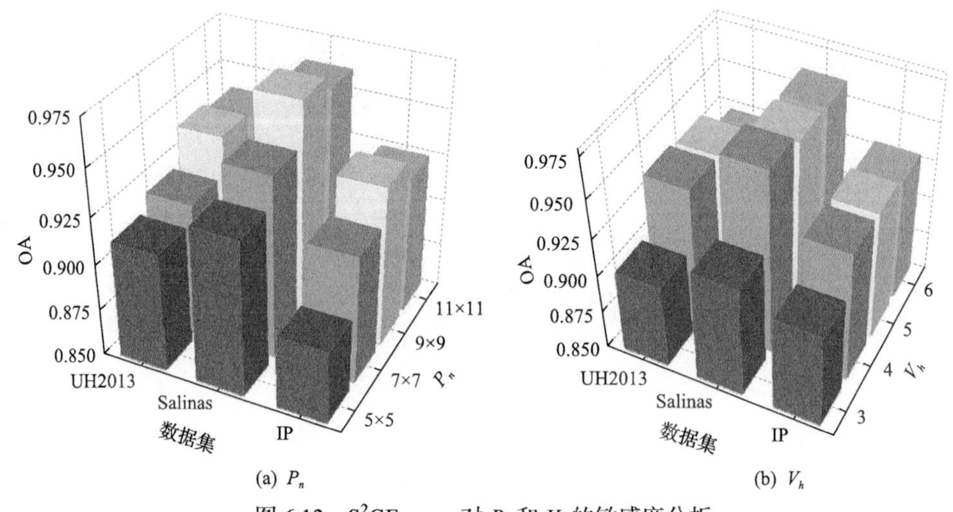

图 6.12　S^2GFormer 对 P_n 和 V_h 的敏感度分析

6.5.6　消融实验

本章提出的 S^2GFormer 主要包含三个模块，即像素到区域变换模块、像素块谱嵌入模块和多层 GraphFormer 编码器模块。每一个组成部分在 S^2GFormer 方法中都起着关键作用。为了了解各模块对整体分类性能的贡献，进行一系列消融实验。实验将不包含像素到区域变换模块的 S^2GFormer 称为 S^2GFormer-V_1；将通过用均值运算代替像素块谱嵌入模块而获得的算法称为 S^2GFormer-V_2；将用传统的变换器代替 GraphFormer 编码器模块获得的算法称为 S^2GFormer-V_3；将去除 GraphFormer 编码器中的残差块形成的算法称为 S^2GFormer-V_4。采用 OA、AA 和 κ 记录各算法的分类结果。如图 6.13 所示，

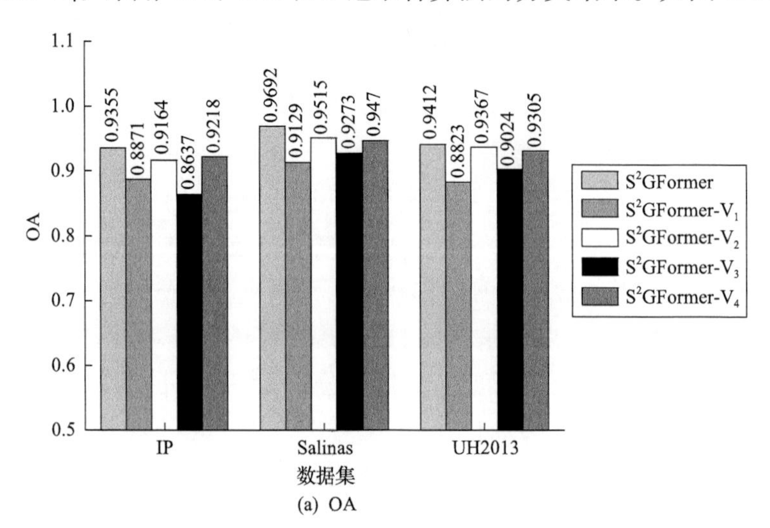

(a) OA

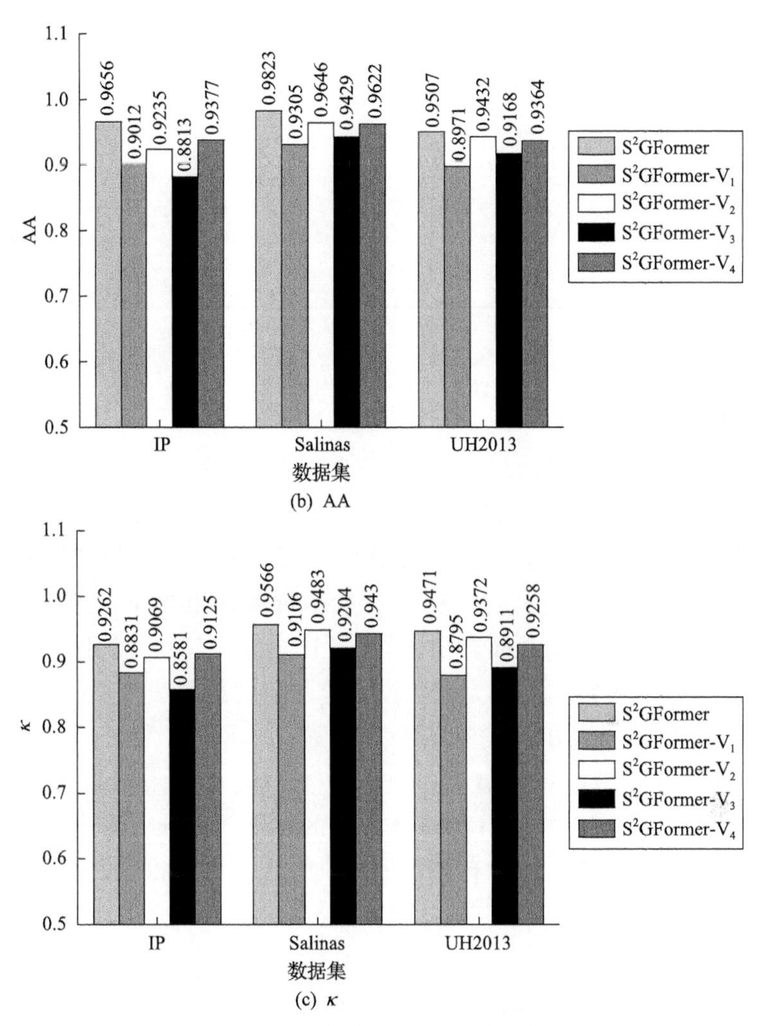

(b) AA

(c) κ

图 6.13　S²GFormer 在 IP、Salinas、UH2013 数据集上的消融实验结果

与 S²GFormer 相比，所有对比方法的分类精度在所有指标上都有所下降；简化方法中的指标下降幅度是不同的，这意味着所提方法中的每个模块对分类结果的影响是不同的；S²GFormer 提出的所有模块都有助于提高分类精度。

另外，本节还研究了图残差模块在 GraphFormer 编码器中的作用。实验在 IP 数据集上验证了不同 GraphFormer 编码器去除残差模块后的影响。结果如表 6.5 所示(√表示指定的编码器包含 RES 块，×表示指定的编码器不包含 RES 块)。实验结果表明，与基本图卷积层相比，图残差模块可以在一定程度上提高算法的分类精度。

表 6.5　IP 数据集上图残差模块对分类精度影响实验结果

编码器 1	编码器 2	编码器 3	OA/%
×	×	×	92.18
√	×	×	92.67
×	√	×	93.19
×	×	√	92.86
√	√	√	**93.55**

6.6　本章小结

本章提出一种空-谱 GraphFormer 用于 HSI 分类算法。首先，设计跟随像素块机制将 HSI 中的像素转换为局部保持区域，并且可以降低 S^2GFormer 的计算复杂度。然后，开发像素块谱嵌入模块，通过新设计的邻域卷积提取像素块的综合谱信息。最后，提出多层 GraphFormer 编码器模块，将图卷积和变换器结构结合到一个统一的变换器中，从像素块中提取具有代表性的空-谱特征，用于 HSI 分类。三个常用的高光谱数据集上的实验结果表明，S^2GFormer 方法比其他分类器有更好的分类性能。

在未来的工作中，将把更多的技术，如自监督学习和强化学习应用于 GraphFormer，以提高其在 HSI 分类任务中的性能。此外，将建立更多的图卷积和变换器的集成形式，探索利用其思想，实现将图节点编码在变换器中。

参考文献

[1] 任宇. 基于空-谱结构性挖掘的高光谱图像分类方法研究. 西安: 西安电子科技大学, 2014.

[2] 梅安新, 彭望碌, 秦其明, 等. 遥感导论. 北京: 高等教育出版社, 2001.

[3] 童庆禧, 张兵, 郑兰芬. 高光谱遥感. 北京: 高等教育出版社, 2006.

[4] 万余庆, 张凤丽, 闫永忠. 高光谱遥感技术在水环境监测中的应用研究. 自然资源遥感, 2011, 15(3): 4-10.

[5] 姚云军, 秦其明, 张自力,等. 高光谱技术在农业遥感中的应用研究进展. 农业工程学报, 2008, 24(7): 301-306.

[6] 代晶晶, 赵龙贤, 姜琪, 等. 热红外高光谱技术在地质找矿中的应用综述. 地质学报, 2020, 94(8): 2520-2533.

[7] 张良培. 高光谱目标探测的进展与前沿问题. 武汉大学学报: 信息科学版, 2014, 39(12): 1387-1400.

[8] Bruce L M, Koger C H, Li J. Dimensionality reduction of hyperspectral data using discrete wavelet transform feature extraction. IEEE Transactions on Geoscience and Remote Sensing, 2002, 40(10): 2331-2338.

[9] Bioucas D J M, Plaza A, Dobigeon N, et al. Hyperspectral unmixing overview: geometrical, statistical, and sparse regression-based approaches. IEEE Journal of Selected Topics in Applied Earth Observations and Remote Sensing, 2012, 5(2): 354-379.

[10] Heylen R, Parente M, Gader P. A review of nonlinear hyperspectral unmixing methods. IEEE Journal of Selected Topics in Applied Earth Observations and Remote Sensing, 2014, 7(6): 1844-1868.

[11] Liu J, Hou Z, Li W, et al. Multipixel anomaly detection with unknown patterns for hyperspectral imagery. IEEE Transactions on Neural Networks and Learning Systems, 2021, 33(10): 5557-5567.

[12] Rao W, Qu Y, Gao L, et al. Transferable network with Siamese architecture for anomaly detection in hyperspectral images. International Journal of Applied Earth Observation and Geoinformation, 2022, 106: 102669.

[13] Ran R, Deng L J, Jiang T X, et al. GuidedNet: a general CNN fusion framework via high-resolution guidance for hyperspectral image super-resolution. IEEE Transactions on Cybernetics, 2023, 53: 4148-4161.

[14] Dong Y, Liu Q, Du B, et al. Weighted feature fusion of convolutional neural network and graph attention network for hyperspectral image classification. IEEE Transactions on Image Processing, 2022, 31: 1559-1572.

[15] 徐永浩. 面向高光谱遥感影像分类的深度学习与对抗防御方法研究. 武汉大学学报: 信息

科学版, 2022, 47(1): 157-169.

[16] Hamilton W, Ying Z, Leskovec J. Inductive representation learning on large graphs. Advances in Neural Information Processing Systems, 2017, 30: 202-221.

[17] Fout A, Byrd J, Shariat B, et al. Protein interface prediction using graph convolutional networks. Advances in Neural Information Processing Systems, 2017, 30: 89-98.

[18] Wang X, He X, Cao Y, et al. Kgat: knowledge graph attention network for recommendation//Proceedings of the 25th ACM SIGKDD International Conference on Knowledge Discovery and Data Mining, 2019.

[19] Sellami A, Tabbone S. Deep neural networks-based relevant latent representation learning for hyperspectral image classification. Pattern Recognition, 2022, 121: 108224.

[20] 张超子. 基于图神经网络的高光谱遥感图像分类方法研究. 长春: 中国科学院长春光学精密机械与物理研究所, 2022.

[21] Wei L. Locality-preserving dimensionality reduction and classification for hyperspectral image analysis. IEEE Transactions on Geoscience and Remote Sensing, 2012, 50(4): 1185-1198.

[22] Bandos T V, Bruzzone L, Camps V G. Classification of hyperspectral images with regularized linear discriminant analysis. IEEE Transactions on Geoscience and Remote Sensing, 2009, 47(3): 862-873.

[23] Agarwal A, El-Ghazawi T, El-Askary H, et al. Efficient hierarchical-PCA dimension reduction for hyperspectral imagery//Proceedings of the Signal Processing and Information Technology, 2007.

[24] Keshava N. Distance metrics and band selection in hyperspectral processing with applications to material identification and spectral libraries. IEEE Transactions on Geoscience and Remote Sensing, 2004, 42(7): 1552-1565.

[25] Bruzzone L, Roli F. An extension of the Jeffreys-Matusita distance to multiclass cases for feature selection. IEEE Transactions on Geoscience and Remote Sensing, 1995, 33(6): 1318-1321.

[26] Kailath T. The divergence and bhattacharyya distance measures in signal selection. IEEE Transactions on Communication Technology, 1967, 15(1): 52-60.

[27] Hossain M A, Pickering M, Jia X. Unsupervised feature extraction based on a mutual information measure for hyperspectral image classification//Proceedings of the IEEE, 2011.

[28] Blanzieri E, Melgani F. Nearest neighbor classification of remote sensing images with the maximal margin principle. IEEE Transactions on Geoscience and Remote Sensing, 2008, 46(6): 1804-1811.

[29] Melgani F, Bruzzone L. Classification of hyperspectral remote sensing images with support vector machines. IEEE Transactions on Geoscience and Remote Sensing, 2004, 42(8):

1778-1790.

[30] Ham J, Chen Y, Crawford M M, et al. Investigation of the random forest framework for classification of hyperspectral data. IEEE Transactions on Geoscience and Remote Sensing, 2005, 43(3): 492-501.

[31] Delalieux S, Somers B, Haest B, et al. Heathland conservation status mapping through integration of hyperspectral mixture analysis and decision tree classifiers. Remote Sensing of Environment, 2012, 126: 222-231.

[32] Yi C, Nasrabadi N M, Tran T D. Hyperspectral image classification using dictionary-based sparse representation. IEEE Transactions on Geoscience and Remote Sensing, 2011, 49(10): 3973-3985.

[33] Wan S, Gong C, Zhong P, et al. Hyperspectral image classification with context-aware dynamic graph convolutional network. IEEE Transactions on Geoscience and Remote Sensing, 2020, 59(1): 597-612.

[34] He L, Li J, Liu C, et al. Recent advances on spectral-spatial hyperspectral image classification: an overview and new guidelines. IEEE Transactions on Geoscience and Remote Sensing, 2017, (99): 1-19.

[35] Xin H, Zhang L. An adaptive mean-shift analysis approach for object extraction and classification from urban hyperspectral imagery. IEEE Transactions on Geoscience and Remote Sensing, 2008, 46(12): 4173-4185.

[36] Pesaresi M, Benediktsson J A. A new approach for the morphological segmentation of high-resolution satellite imagery. IEEE Transactions on Geoscience and Remote Sensing, 2002, 39(2): 309-320.

[37] Benediktsson J A, Palmason J A, Sveinsson J R. Classification of hyperspectral data from urban areas based on extended morphological profiles. IEEE Transactions on Geoscience and Remote Sensing, 2005, 43(3): 480-491.

[38] Fauvel M, Chanussot J. A spatial-spectral kernel-based approach for the classification of remote-sensing images. Pattern Recognition, 2012, 45(1): 381-392.

[39] Mura M D, Benediktsson J A, Waske B, et al. Morphological attribute profiles for the analysis of very high resolution images. IEEE Transactions on Geoscience and Remote Sensing, 2010, 48(10): 3747-3762.

[40] Mura M D, Villa A, Benediktsson J A, et al. Classification of hyperspectral images by using extended morphological attribute profiles and independent component analysis. IEEE Geoscience and Remote Sensing Letters, 2011, 8(3): 542-546.

[41] Pedergnana M, Marpu P R, Mura M D, et al. A novel technique for optimal feature selection in attribute profiles based on genetic algorithms. IEEE Transactions on Geoscience and Remote

Sensing, 2013, 51(6): 3514-3528.

[42] Subudhi S, Narayan R, Biswal P K, et al. A survey on superpixel segmentation as a pre-processing step in hyperspectral image analysis. IEEE Journal of Selected Topics in Applied Earth Observations and Remote Sensing, 2021, 14: 5015-5035.

[43] Cui B, Xie X, Ma X, et al. Superpixel-based extended random walker for hyperspectral image classification. IEEE Transactions on Geoscience and Remote Sensing, 2018, 56(6): 3233-3243.

[44] Xu Y, Du B, Zhang F, et al. Hyperspectral image classification via a random patches network. ISPRS Journal of Photogrammetry and Remote Sensing, 2018, 142(8): 344-357.

[45] Petersson H, Gustafsson D, Bergström D. Hyperspectral image analysis using deep learning-A review//Proceedings of the International Conference on Image Processing Theory, Tools and Applications, 2017.

[46] Ahmad M, Khan A M, Mazzara M, et al. A fast and compact 3D CNN for hyperspectral image classification. IEEE Geoscience and Remote Sensing Letters, 2021, 19: 1-5.

[47] Hinton G E, Salakhutdinov R R. Reducing the dimensionality of data with neural networks. Science, 2006, 313(5786): 504-507.

[48] Qin Z, Ni L, Tong Z, et al. Deep learning based feature selection for remote sensing scene classification. IEEE Geoscience and Remote Sensing Letters, 2015, 12(11): 1-5.

[49] Fan H, Gui-Song X, Jingwen H, et al. Transferring deep convolutional neural networks for the scene classification of high-resolution remote sensing imagery. Remote Sensing, 2015, 7(11): 14680-14707.

[50] Hinton G E, Osindero S, Teh Y W. A Fast Learning Algorithm for Deep Belief Nets. Cambridge: MIT Press, 2006.

[51] Xu J, Lei X, Hang R, et al. Stacked sparse autoencoder(SSAE) for nuclei detection on breast cancer histopathology images. IEEE Transactions on Medical Imaging, 2015, 35(1): 119-130.

[52] Williams R J, Zipser D. A learning algorithm for continually running fully recurrent neural networks. Neural Computation, 1998, 1(2): 270-280.

[53] Hu W, Huang Y Y, Wei L, et al. Deep convolutional neural networks for hyperspectral image classification. Journal of Sensors, 2015, 2015: 1-12.

[54] Liu P, Hui Z, Eom K B. Active deep learning for classification of hyperspectral images. IEEE Journal of Selected Topics in Applied Earth Observations and Remote Sensing, 2017, 10(2): 712-724.

[55] Li S, Song W, Fang L, et al. Deep learning for hyperspectral image classification: an overview. IEEE Transactions on Geoscience and Remote Sensing, 2019, (99): 1-20.

[56] Sellami A, Farah I. Spectral spatial graph-based deep restricted Boltzmann networks for hyperspectral image classification//Proceedings of the 2019 PhotonIcs and Electromagnetics

Research Symposium, 2019.

[57] Chen Y, Lin Z, Zhao X, et al. Deep learning-based classification of hyperspectral data. IEEE Journal of Selected Topics in Applied Earth Observations and Remote Sensing, 2014, 7(6): 2094-2107.

[58] Zhang X, Liang Y, Chen L, et al. Recursive autoencoders-based unsupervised feature learning for hyperspectral image classification. IEEE Geoscience and Remote Sensing Letters, 2017, (99): 1-5.

[59] Zhou P, Han J, Cheng G, et al. Learning compact and discriminative stacked autoencoder for hyperspectral image classification. IEEE Transactions on Geoscience and Remote Sensing, 2019, 57(7): 4823-4833.

[60] Lan R, Li Z, Liu Z, et al. Hyperspectral image classification using *k*-sparse denoising autoencoder and spectral-restricted spatial characteristics. Applied Soft Computing, 2019, 74: 693-708.

[61] Hang R, Liu Q, Hong D, et al. Cascaded recurrent neural networks for hyperspectral image classification. IEEE Transactions on Geoscience and Remote Sensing, 2019, 57(8): 5384-5394.

[62] Zhang X, Sun Y, Kai J, et al. Spatial sequential recurrent neural network for hyperspectral image classification. IEEE Journal of Selected Topics in Applied Earth Observations and Remote Sensing, 2018, 8: 1-15.

[63] Zhang H, Li Y, Zhang Y, et al. Spectral-spatial classification of hyperspectral imagery using a dual-channel convolutional neural network. Remote Sensing Letters, 2017, 8(4-6): 438-447.

[64] Chen Y, Jiang H, Li C, et al. Deep feature extraction and classification of hyperspectral images based on convolutional neural networks. IEEE Transactions on Geoscience and Remote Sensing, 2016, 54(10): 6232-6251.

[65] Sui B, Jiang T, Zhang Z, et al. ECGAN: an improved conditional generative adversarial network with edge detection to augment limited training data for the classification of remote sensing images with high spatial resolution. IEEE Journal of Selected Topics in Applied Earth Observations and Remote Sensing, 2020, 14: 1311-1325.

[66] Carion N, Massa F, Synnaeve G, et al. End-to-end object detection with transformers// Proceedings of the European Conference on Computer Vision, 2020.

[67] Hong D, Han Z, Yao J, et al. Spectral former: rethinking hyperspectral image classification with transformers. IEEE Transactions on Geoscience and Remote Sensing, 2021, 60: 1-15.

[68] Yu H Y, Xu Z, Zheng K, et al. MSTNet: a multilevel spectral-spatial transformer network for hyperspectral image classification. IEEE Transactions on Geoscience and Remote Sensing, 2022, 60: 1-13.

[69] Wan S, Gong C, Zhong P, et al. Hyperspectral image classification with context-aware dynamic

graph convolutional network. IEEE Transactions on Geoscience and Remote Sensing, 2020, (99): 1-16.

[70] Defferrard M, Bresson X, Vandergheynst P. Convolutional neural networks on graphs with fast localized spectral filtering. Advances in Neural Information Processing Systems, 2016, 29: 15-21.

[71] Nguyen Q, Hein M. Optimization landscape and expressivity of deep CNNs. Proceedings of Machine Learning Research, 2018, 80: 3730-3739.

[72] Ahmad M, Shabbir S, Raza R A, et al. Artifacts of different dimension reduction methods on hybrid CNN feature hierarchy for hyperspectral image classification. Optik-International Journal for Light and Electron Optics, 2021, (1): 167757.

[73] Ahmad M, Mazzara M, Distefano S. 3D/2D regularized CNN feature hierarchy for hyperspectral image classification. Remote Sensing, 2021, 12: 136.

[74] Chen S, Wang Y. Convolutional neural network and convex optimization. San Diego: University of California at San Diego, 2014.

[75] Erhan D, Bengio Y, Courville A, et al. Why does unsupervised pre-training help deep learning. Journal of Machine Learning Research, 2010, 11(3): 625-660.

[76] Luo F, Zhang L, Du B, et al. Dimensionality reduction with enhanced hybrid-graph discriminant learning for hyperspectral image classification. IEEE Transactions on Geoscience and Remote Sensing, 2020, 58(8): 5336-5353.

[77] Yang P, Tong L, Qian B, et al. Hyperspectral image classification with spectral and spatial graph using inductive representation learning network. IEEE Journal of Selected Topics in Applied Earth Observations and Remote Sensing, 2020, 14: 791-800.

[78] Mou L, Lu X, Li X, et al. Nonlocal graph convolutional networks for hyperspectral image classification. IEEE Transactions on Geoscience and Remote Sensing, 2020, 58(12): 8246-8257.

[79] Shi G, Huang H, Li Z, et al. Multi-manifold locality graph preserving analysis for hyperspectral image classification. Neurocomputing, 2020, 388: 45-59.

[80] Sellars P, Aviles-Rivero A I, Schönlieb C B. Superpixel contracted graph-based learning for hyperspectral image classification. IEEE Transactions on Geoscience and Remote Sensing, 2020, 58(6): 4180-4193.

[81] Sharma M, Biswas M. Classification of hyperspectral remote sensing image via rotation-invariant local binary pattern-based weighted generalized closest neighbor. The Journal of Supercomputing, 2021, 77(6): 5528-5561.

[82] Wan S, Gong C, Pan S, et al. Multi-level graph convolutional network with automatic graph learning for hyperspectral image classification. https://arXiv preprint arXiv:200909196[2020-

3-3].

[83] Jia S, Deng X, Xu M, et al. Superpixel-level weighted label propagation for hyperspectral image classification. IEEE Transactions on Geoscience and Remote Sensing, 2020, 58(7): 5077-5091.

[84] Liu Q, Xiao L, Yang J, et al. CNN-enhanced graph convolutional network with pixel-and superpixel-level feature fusion for hyperspectral image classification. IEEE Transactions on Geoscience and Remote Sensing, 2020, 59(10): 8657-8671.

[85] Liu B, Gao K, Yu A, et al. Semisupervised graph convolutional network for hyperspectral image classification. Journal of Applied Remote Sensing, 2020, 14(2): 26516.

[86] Lin M, Jing W, Di D, et al. Context-aware attentional graph U-net for hyperspectral image classification. IEEE Geoscience and Remote Sensing Letters, 2021, 19: 1-5.

[87] Scarselli F, Gori M, Tsoi A C, et al. The graph neural network model. IEEE Transactions on Neural Networks, 2009, 20(1): 61.

[88] Kampffmeyer M, Chen Y, Liang X, et al. Rethinking knowledge graph propagation for zero-shot learning//Proceedings of the IEEE/CVF Conference on Computer Vision and Pattern Recognition, 2019.

[89] Zhang S, He X, Yan S. LatentGNN: learning efficient non-local relations for visual recognition//International Conference on Machine Learning, 2019.

[90] Wang X, Ji H, Shi C, et al. Heterogeneous graph attention network//The World Wide Web Conference, 2019.

[91] Kipf T N, Welling M. Semi-supervised classification with graph convolutional networks. http: //arXiv preprint arXiv: 160902907[2023-7-29].

[92] Li Y, Tarlow D, Brockschmidt M, et al. Gated graph sequence neural networks. https://arXiv preprint arXiv:151105493[2015-5-7].

[93] Chi L, Tian G, Mu Y, et al. Fast non-local neural networks with spectral residual learning// Proceedings of the the 27th ACM International Conference, 2019.

[94] Vaswani A, Shazeer N, Parmar N, et al. Attention is all you need. Advances in Neural Information Processing Sysems, 2017, 4: 30.

[95] Wang M, Fu W, Hao S, et al. Learning on big graph: label inference and regularization with anchor hierarchy. IEEE Transactions on Knowledge and Data Engineering, 2017, (5): 1-9.

[96] Qin A, Shang Z, Tian J, et al. Spectral-spatial graph convolutional networks for semisupervised hyperspectral image classification. IEEE Geoscience and Remote Sensing Letters, 2018, 16(2): 241-245.

[97] Hong D, Gao L, Yao J, et al. Graph convolutional networks for hyperspectral image classification. IEEE Transactions on Geoscience and Remote Sensing, 2020, 59(7): 5966-5978.

[98] Sha A, Wang B, Wu X, et al. Semisupervised classification for hyperspectral images using graph

attention networks. IEEE Geoscience and Remote Sensing Letters, 2020, 18(1): 157-161.
[99] Wan S, Gong C, Zhong P, et al. Multiscale dynamic graph convolutional network for hyperspectral image classification. IEEE Transactions on Geoscience and Remote Sensing, 2019, 58(5): 3162-3177.
[100] Ding Y, Zhao X, Zhang Z, et al. Multiscale graph sample and aggregate network with context-aware learning for hyperspectral image classification. IEEE Journal of Selected Topics in Applied Earth Observations and Remote Sensing, 2021, 14: 4561-4572.
[101] Cai Y, Zeng M, Cai Z, et al. Graph regularized residual subspace clustering network for hyperspectral image clustering. Information Sciences, 2021, 578: 85-101.
[102] Cai Y, Zhang Z, Ghamisi P, et al. Superpixel contracted neighborhood contrastive subspace clustering network for hyperspectral images. IEEE Transactions on Geoscience and Remote Sensing, 2022, 60: 1-13.
[103] Zhang Y, Cao G, Wang B, et al. Dual sparse representation graph-based copropagation for semisupervised hyperspectral image classification. IEEE Transactions on Geoscience and Remote Sensing, 2021, 60: 1-17.
[104] Ding Y, Zhang Z, Zhao X, et al. Multi-feature fusion: graph neural network and CNN combining for hyperspectral image classification. Neurocomputing, 2022, 501: 246-257.
[105] Ding Y, Zhang Z, Zhao X, et al. AF2GNN: graph convolution with adaptive filters and aggregator fusion for hyperspectral image classification. Information Sciences, 2022, 602: 201-219.
[106] Shuman D I, Narang S K, Frossard P, et al. The emerging field of signal processing on graphs: extending high-dimensional data analysis to networks and other irregular domains. IEEE Signal Processing Magazine, 2013, 30(3): 83-98.
[107] Sandryhaila A, Moura J M. Discrete signal processing on graphs. IEEE Transactions on Signal Processing, 2013, 61(7): 1644-1656.
[108] Chen S, Varma R, Sandryhaila A, et al. Discrete signal processing on graphs: sampling theory. IEEE Transactions on Signal Processing, 2015, 63(24): 6510-6523.
[109] Kipf M W. Semi-supervised classification with graph convolutional networks. https:// arXiv preprint arXiv:160902907[2016-8-23].
[110] Levie R, Monti F, Bresson X, et al. Cayleynets: graph convolutional neural networks with complex rational spectral filters. IEEE Transactions on Signal Processing, 2018, 67(1): 97-109.
[111] Veličković P, Cucurull G, Casanova A, et al. Graph attention networks. https://arXiv preprint arXiv:171010903[2017-12-21].
[112] Zhang J, Shi X, Xie J, et al. GAAN: gated attention networks for learning on large and

spatiotemporal graphs. https://arXiv preprint arXiv:180307294[2018-8-5].

[113] Liu Z, Chen C, Li L, et al. GeniePath: graph neural networks with adaptive receptive paths//Proceedings of the AAAI Conference on Artificial Intelligence, 2019.

[114] Castelli V, Cover T M. On the exponential value of labeled samples. Pattern Recognition Letters, 1995, 16(1): 105-111.

[115] Blum A, Mitchell T. Combining labeled and unlabeled data with co-training//Proceedings of the 11th Annual Conference on Computational Learning Theory, 1998.

[116] Joachims T. Transductive inference for text classification using support vector machines//Proceedings of the Sixteenth International Conference on Machine Learning, 1999.

[117] He Z, Liu H, Wang Y, et al. Generative adversarial networks-based semi-supervised learning for hyperspectral image classification. Remote Sensing, 2017, 9(10): 1042.

[118] Zhou D, Bousquet O, Lal T N, et al. Learning with local and global consistency. Advances in Neural Information Processing Systems, 2003, 16(3): 233-247.

[119] He F, Nie F, Wang R, et al. Fast semisupervised learning with bipartite graph for large-scale data. IEEE Transactions on Neural Networks and Learning Systems, 2020, 31(2): 626-638.

[120] Carlos M, Alaiz, Michael, et al. Convex formulation for kernel PCA and its use in semisupervised learning. IEEE Transactions on Neural Networks and Learning Systems, 2017, 29(8): 3863-3869.

[121] Wang M, Fu W, Hao S, et al. Scalable semi-supervised learning by efficient anchor graph regularization. IEEE Transactions on Knowledge and Data Engineering, 2019, 28: 1864-1877.

[122] 姚光军. 基于图的半监督分类算法研究. 重庆: 西南大学, 2017.

[123] 王攀峰. 基于半监督局部保持投影的高光谱遥感影像分类方法研究. 重庆: 重庆大学, 2014.

[124] 盛振国. 基于改进边缘采样的高光谱图像半监督分类方法研究. 哈尔滨: 哈尔滨工程大学, 2017.

[125] 郇文慧. 空-谱联合高光谱遥感图像半监督分类. 西安: 西安电子科技大学, 2014.

[126] Zhu X, Ghahramani Z, Lafferty J D. Semi-supervised learning using Gaussian fields and harmonic functions//Proceedings of the Machine Learning, Proceedings of the Twentieth International Conference, 2003.

[127] Zhou D, Schölkopf B. Learning from labeled and unlabeled data using random walks//Proceedings of the International Joint Conference on Neural Networks, 2017.

[128] Wu X M, Li Z, So M C, et al. Learning with partially absorbing random walks//Proceedings of the Neural Information Processing Systems, 2012.

[129] Nie F, Wang X, Jordan M I, et al. The Constrained Laplacian Rank Algorithm for Graph-Based Clustering. Palo Alto: AAAI Press, 2016.

[130] Nie F, Xiang S, Yun L, et al. A general graph-based semi-supervised learning with novel class discovery. Neural Computing and Applications, 2010, 19(4): 549-555.

[131] Wei L, He J, Chang S F. Large graph construction for scalable semi-supervised learning// Proceedings of the International Conference on Machine Learning, 2010.

[132] Xue Z, Du P, Li J, et al. Sparse graph regularization for hyperspectral remote sensing image classification. IEEE Transactions on Geoscience and Remote Sensing, 2017, (4): 1-16.

[133] Jing W, Wang J, Gang Z, et al. Scalable *k*-NN graph construction for visual descriptors// Proceedings of the IEEE Conference on Computer Vision and Pattern Recognition, 2012.

[134] Fergus R, Weiss Y, Torralba A. Semi-supervised learning in gigantic image collections// Proceedings of the Advances in Neural Information Processing Systems, 2009.

[135] Gong C, Fu K, Zhou L, et al. Scalable semi-supervised classification via Neumann series. Neural Processing Letters, 2015, 42: 187-197.

[136] Nie F, Zhu W, Li X. Unsupervised large graph embedding based on balanced and hierarchical *k*-means. IEEE Transactions on Knowledge and Data Engineering, 2020, (99): 1-12.

[137] Wang R, Nie F, Yu W. Fast spectral clustering with anchor graph for large hyperspectral images. IEEE Geoscience and Remote Sensing Letters, 2017, (11): 1-5.

[138] Liu Q, Sun Y, Wang C, et al. Elastic net hypergraph learning for image clustering and semi-supervised classification. IEEE Transactions on Image Processing, 2017, 1: 452-463.

[139] Nie F, Xu D, Tsang W H, et al. Flexible manifold embedding: a framework for semi-supervised and unsupervised dimension reduction. IEEE Transactions on Image Processing, 2010, 19(7): 1921-1932.

[140] Nie F, Wang X, Cheng D, et al. Learning a structured optimal bipartite graph for co-clustering// Proceedings of the 31st Annual Conference on Neural Information Processing Systems, 2017.

[141] Shen C, Li H. On the dual formulation of boosting algorithms. IEEE Transactions on Pattern Analysis and Machine Intelligence, 2010, 32(12): 2216-2231.

[142] Yuan Y, Fang J, Wang Q. Robust superpixel tracking via depth fusion. IEEE Transactions on Circuits and Systems for Video Technology, 2014, 24(1): 15-26.

[143] Mori G, Ren X, Efros A A, et al. Recovering human body configurations: combining segmentation and recognition//Proceedings of the IEEE Computer Society Conference on Computer Vision and Pattern Recognition, 2004.

[144] Achanta R, Shaji A, Smith K, et al. SLIC superpixels compared to state-of-the-art superpixel methods. IEEE Transactions on Pattern Analysis and Machine Intelligence, 2012, 34(11): 2274-2282.

[145] Liu M Y, Tuzel O, Ramalingam S, et al. Entropy rate superpixel segmentation//Proceedings of the 24th IEEE Conference on Computer Vision and Pattern Recognition, 2011.

[146] Priya T, Prasad S, Wu H. Superpixels for spatially reinforced Bayesian classification of hyperspectral images. IEEE Geoscience and Remote Sensing Letters, 2015, 12(5): 1071-1075.

[147] Jiang J, Ma J, Chen C, et al. SuperPCA: a superpixelwise PCA approach for unsupervised feature extraction of hyperspectral imagery. IEEE Transactions on Geoscience and Remote Sensing, 2018: 1-13.

[148] Jian Y, Boben M, Fidler S, et al. Real-time coarse-to-fine topologically preserving segmentation// Proceedings of the 2015 IEEE Conference on Computer Vision and Pattern Recognition, 2015.

[149] Comaniciu D, Meer P. Mean shift: a robust approach toward feature space analysis. IEEE Trans Pattern Analysis and Machine Intelligence, 2002, 24(5): 603-619.

[150] Ying L, Haokui Z, Qiang S. Spectral-spatial classification of hyperspectral imagery with 3D convolutional neural network. Remote Sensing, 2017, 9(1): 67.

[151] 刘启超，肖亮，刘芳，等. SSCDenseNet: 一种空-谱卷积稠密网络的高光谱图像分类算法. 电子学报, 2020, 48(4): 12.

[152] Felzenszwalb P F, Huttenlocher D P. Efficient graph-based image segmentation. International Journal of Computer Vision, 2004, 59(2): 167-181.

[153] Zhang C, Li G, Du S. Multi-scale dense networks for hyperspectral remote sensing image classification. IEEE Transactions on Geoscience and Remote Sensing, 2019, 57(11): 9201-9222.

[154] Veksler O, Boykov Y, Mehrani P. Superpixels and supervoxels in an energy optimization framework//Proceedings of the Computer Vision-ECCV 2010: 11th European Conference on Computer Vision, 2010.

[155] Du L, Shi X, Fu Q, et al. Gbk-GNN: gated bi-kernel graph neural networks for modeling both homophily and heterophily//Proceedings of the ACM Web Conference, 2022.

[156] Ma Y, Liu X, Shah N, et al. Is homophily a necessity for graph neural networks? https://arXiv preprint arXiv: 210606134[2023-7-29].

[157] Wang T, Jin D, Wang R, et al. Powerful graph convolutional networks with adaptive propagation mechanism for homophily and heterophily//Proceedings of the AAAI Conference on Artificial Intelligence, 2022.

[158] Zhu J, Yan Y, Zhao L, et al. Beyond homophily in graph neural networks: current limitations and effective designs[J]. Advances in Neural Information Processing Systems, 2020, 33: 7793-7804.

[159] Neyshabur B, Bhojanapalli S, McAllester D, et al. Exploring generalization in deep learning. Advances in Neural Information Processing Systems, 2017: 30.

[160] Felzenszwalb P F, Huttenlocher D P. Efficient graph-based image segmentation. International Journal of Computer Vision, 2004, 59: 167-181.

[161] Natekar P, Sharma M. Representation based complexity measures for predicting generalization in deep learning. https://arXiv preprint arXiv:2012.02775[2020-10-8].

[162] Xu K, Hu W, Leskovec J, et al. How Powerful are Graph Neural Networks? http://arXiv preprint arXiv: 181000826[2023-7-29].

[163] Li Y, Zhang H, Shen Q. Spectral-spatial classification of hyperspectral imagery with 3D convolutional neural network. Remote Sensing, 2017, 9(1): 67.

[164] Qin A, Shang Z, Tian J, et al. Spectral-spatial graph convolutional networks for semisupervised hyperspectral image classification[J]. IEEE Geoscience and Remote Sensing Letters, 2018, 16(2): 241-245.

[165] Zheng C, Zong B, Cheng W, et al. Robust graph representation learning via neural sparsification//Proceedings of the International Conference on Machine Learning, 2020.

[166] Wang X, Girshick R, Gupta A, et al. Non-local neural networks//Proceedings of the IEEE Conference on Computer Vision and Pattern Recognition, 2018.

[167] Lei Z, Meng Y, Feng X. Sparse representation or collaborative representation: which helps face recognition//Proceedings of the IEEE International Conference on Computer Vision, 2011.

[168] Li W, Zhang Y, Liu N, et al. Structure-aware collaborative representation for hyperspectral image classification. IEEE Transactions on Geoscience and Remote Sensing, 2019, 57(9): 7246-7261.

[169] Zhang M, Li W, Du Q. Diverse region-based CNN for hyperspectral image classification. IEEE Transactions on Image Processing, 2018, 27(6): 2623-2634.

[170] Zhang M, Li W, Du Q, et al. Feature extraction for classification of hyperspectral and LiDAR data using patch-to-patch CNN. IEEE Transactions on Cybernetics, 2018, 50(1): 100-111.

[171] Xu X, Li W, Ran Q, et al. Multisource remote sensing data classification based on convolutional neural network. IEEE Transactions on Geoscience and Remote Sensing, 2017, 56(2): 937-949.

[172] Gretton A, Borgwardt K, Rasch M, et al. A kernel method for the two-sample-problem. Advances in Neural Information Processing Systems, 2006, 19: 21-29.

[173] Sun L, Zhao G, Zheng Y, et al. Spectral-spatial feature tokenization transformer for hyperspectral image classification. IEEE Transactions on Geoscience and Remote Sensing, 2022, 60: 1-14.

[174] Gao C, Zhu J, Zhang F, et al. A novel representation learning for dynamic graphs based on graph convolutional networks. IEEE Transactions on Cybernetics, 2022, 53(6): 3599-3612.

[175] Jin T, Liu J, Dai H, et al. Ridge-regression-induced robust graph relational network. IEEE Transactions on Cybernetics, 2022, 53(9): 5631-5640.

[176] Mei S, Song C, Ma M, et al. Hyperspectral image classification using group-aware hierarchical transformer. IEEE Transactions on Geoscience and Remote Sensing, 2022, 60: 1-14.

[177] Chen Y, Jiang H, Li C, et al. Deep feature extraction and classification of hyperspectral images based on convolutional neural networks. IEEE Transactions on Geoscience and Remote Sensing, 2016, 54(10): 6232-6251.

[178] Mou L, Ghamisi P, Zhu X X. Deep recurrent neural networks for hyperspectral image classification. IEEE Transactions on Geoscience and Remote Sensing, 2017, 55(7): 3639-3655.

[179] Luo F, Du B, Zhang L, et al. Feature learning using spatial-spectral hypergraph discriminant analysis for hyperspectral image. IEEE Transactions on Cybernetics, 2018, 49(7): 2406-2419.

[180] He J, Zhao L, Yang H, et al. HSI-BERT: hyperspectral image classification using the bidirectional encoder representation from transformers. IEEE Transactions on Geoscience and Remote Sensing, 2019, 58(1): 165-178.

附录　本书所用数据集

本书主要采用 Indian Pines(IP)、Pavia University(PU)、Kennedy Space Center(KSC)、Salinas 和 University of Houston 2013(UH2013)五个广泛使用的真实基准数据集来验证所提方法的性能。这五个数据集在地物类别、拍摄地点、图像质量、空间分布、光谱特征、空间分辨率、光谱分辨率等方面具有各自的特点。下面依次介绍这些数据集的详细信息。

1. Indian Pines 数据集

Indian Pines 数据由 AVIRIS(airborne visible infrared imaging spectrometer)传感器在印第安纳州拍摄。数据波长范围为 400～2500nm，数据集大小为 145×145，空间分辨率 20m。原始数据包含 224 个波段，去除 20 个易被水吸收的波段，剩下有效波段204个。数据内像素分为16个农作物类别。Indian Pines 数据集伪彩色图像和标准图如附图 1 所示。

(a) 伪彩色图像

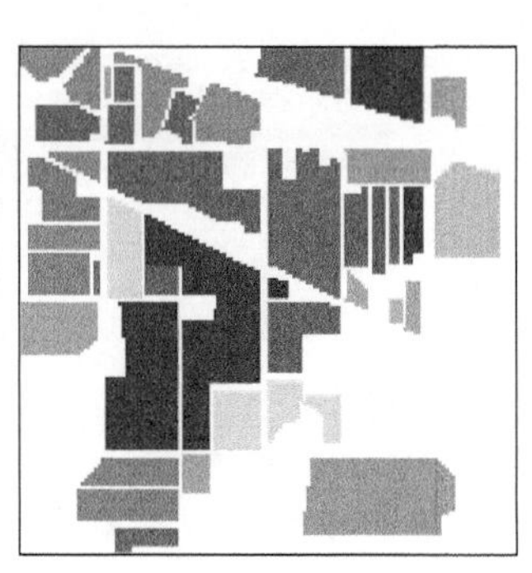

Asphalt(46)
Corn-notill(1428)
Corn-mintill(830)
Corn(237)
Grass-pasture(483)
Grass-trees(730)
Grass-pasture-mowed(28)
Hay-windrowed(478)
Oats(20)
Soybean-notill(972)
Soybean-mintill(2455)
Soybean-clean(593)
Wheat(2055)
Woods(1265)
Buildings-Grass-Trees-Drives(386)
Stone-Steel-Towers(93)

(b) 标准图

附图 1　Indian Pines 数据集伪彩色图像和标准图

2. Kennedy Space Center 数据集

KSC 数据于 1996 年 3 月 23 日由 AVIRIS 传感器在佛罗里达州肯尼迪太空中心拍摄。数据波长范围为 400～2500nm，数据集大小是 614×512，数据空间分辨率为 18m。原始数据包含 224 个波段，去除水汽吸收严重和低信噪比的波段后，剩下 176 个波段。数据像素被分为 13 个地物类别。KSC 数据集伪彩色图像和标准图如附图 2 所示。

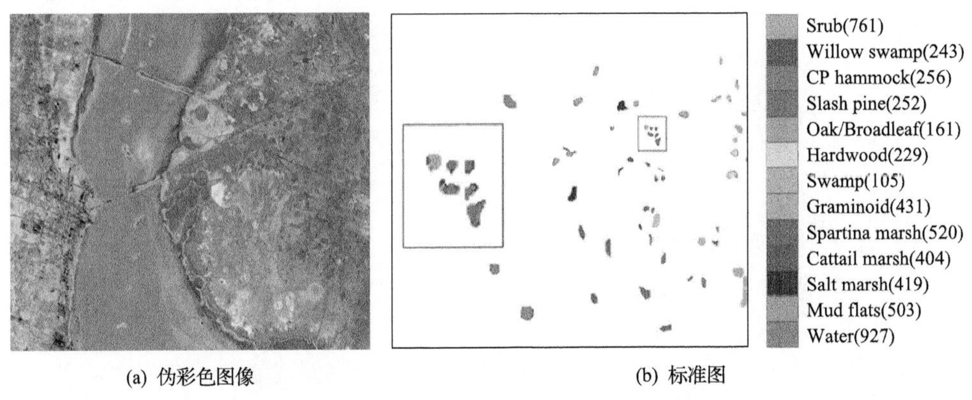

(a) 伪彩色图像　(b) 标准图

附图 2　KSC 数据集伪彩色图像和标准图

3. Pavia University 数据集

PU 数据由 ROSIS（reflective optics system imaging spectrometer）传感器在意大利帕维亚市获取，常用于高光谱图像分类。数据集大小为 610×340，原始数据集包含 115 个波段，经处理后剩下 103 个波段。数据内的像素分为 9 个地物类别。PU 数据集伪彩色图像和标准图如附图 3 所示。

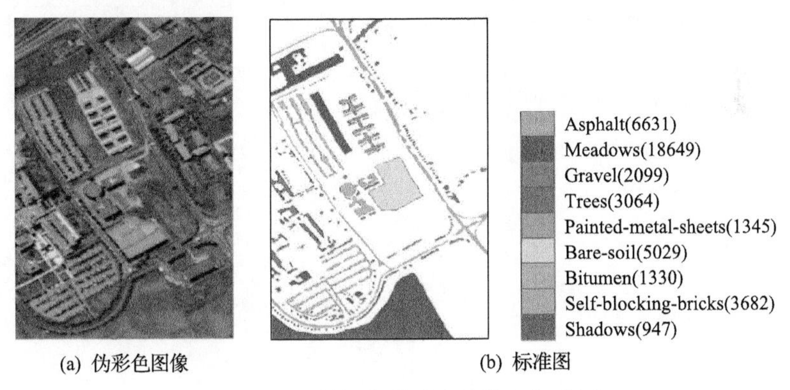

(a) 伪彩色图像　(b) 标准图

附图 3　PU 数据集伪彩色图像和标准图

4. Salinas 数据集

Salinas 数据由 AVIRIS 传感器在加利福尼亚州 Salinas Valley 拍摄。数据波长范围为 400～2500nm，数据集大小是 512×217，数据的空间分辨率为 3.7m。原始数据包含 224 个波段，去除水汽吸收严重的 20 个波段后，剩下 204 个波段。数据内像素分为 16 个农作物类别。Salinas 数据集伪彩色图像和标准图如附图 4 所示。

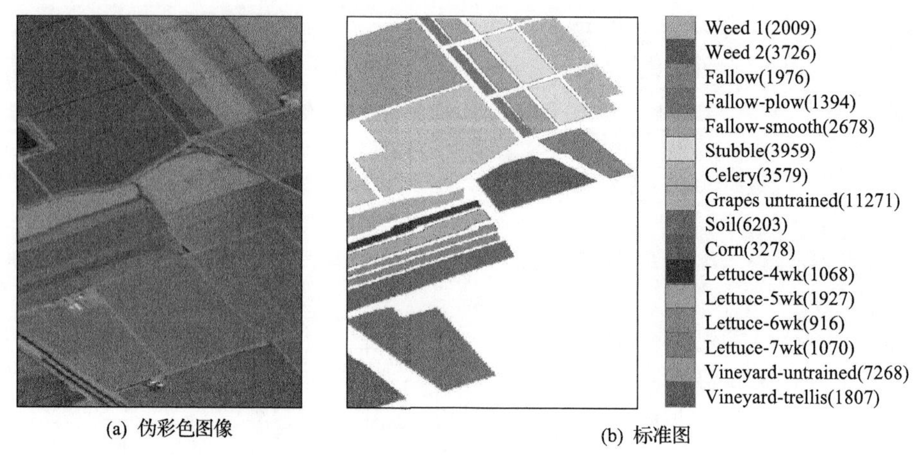

(a) 伪彩色图像 (b) 标准图

附图 4　Salinas 数据集伪彩色图像和标准图

5. University of Houston 2013 数据集

UH2013 数据由 ITRES CASI-1500 传感器在美国休斯顿大学获取，2013 IEEE GRSS 数据融合大赛提供。数据集包含波长范围从 364～1046nm 的 144 个波段数据，大小为 349×1905。数据内像素分为 15 个地物类别。UH2013 数据集伪彩色图像和标准图如附图 5 所示。

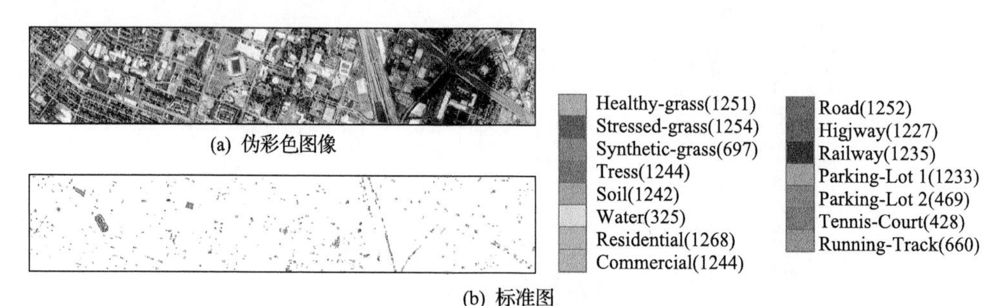

(a) 伪彩色图像

(b) 标准图

附图 5　UH2013 数据集伪彩色图像和标准图